Quan arriba la penombra

Jaume Cabré

Quan arriba la penombra

Proa

Proa
A Tot Vent

Primera edició: abril del 2017

Imatge de coberta: Antonello da Messina - Portrait of a Man - National Gallery London © M. Carrieri/DEA/Album

Drets exclusius d'aquesta edició:
Raval Edicions SLU, Proa
Av. Diagonal, 662-664
08034 Barcelona
www.proa.cat

ISBN: 978-84-7588-670-1
Dipòsit Legal: B. 5.650-2017
Composició: Víctor Igual, SL
Impressió: Cayfosa

ÍNDEX

A la Margarida

Respecto els morts; fins i tot quan encara estan vius.

EMMANUÏL ROÏDIS

Morir no és tan difícil.

MANFRED

Li juro que va ser un accident.

ANÒNIM POPULAR

ELS HOMES NO PLOREN

1

–Papa, no em deixis sol.

–Que no estaràs sol. Mira, mira. Veus quants nens hi ha al pati?

–Jo vull tornar a casa.

–No pot ser.

–Doncs queda't aquí amb mi.

–No diguis bestieses!

–Papa...

–Au, no ploris, cony.

–I la mama?

–Que et dic que no ploris! Recorda-ho sempre: els homes no ploren.

–Papa...

–Et vindré a veure diumenge, d'acord?

–Papa...

–Figa tova. Au, fes-me un petó. Vinga, cony, un petó! Ah, no vols? Doncs aquest diumenge no vindré. Tu t'ho has buscat. I a creure, eh? Que no vull sentir cap queixa pel teu comportament.

Ombres noves, desconegudes, amenaçadores; brogits i remors misteriosos que mai no havia sentit de nit. Estossecs de nens desconeguts. Amb els ulls oberts va fer-se el propòsit de no adormir-se per poder defensar-se de l'atac de qualsevol monstre de les ombres. Fent uns ulls com unes taronges, va envejar un ronc suau que sentia a la vora. Suposava que la nit seria molt llarga. I, sobretot, per què el papa... Com és que... Fins que les ombres es van anar fent més borroses i va gosar dir mama... Què ha passat, mama?

Un bram! L'endemà va ser un ensurt sobtat. Es va adonar que, malgrat la por, s'havia adormit sense defenses contra els monstres. I que ara una veu forta i irada li deia tu, ei, sí, Tu, que et penses que ets el príncep del dormitori tres? Vinga, amunt! I els llençols anaven avall i els nens començaven a caminar de pressa, silenciosos, amb una tovallola i amb un raspall de dents que Tu no tenia i per què el papa no vol que, si podria ser a casa i, No? Com que encara no sabia on eren els lavabos, va optar per seure al llit i arrencar a plorar. Llavors la cara horrorosa d'on sortia aquella veu d'espant se li va posar al seu nivell, a un pam del nas, i va llançar un crit esgarrifós que el va fer tombar-se al llit de pànic. Aquell rostre amb els pòmuls exagerats i les galtes roges feia por. I com que cridava així, encara feia més por. Després vaig saber que es deia Enric però que es feia dir Henricus. Galtavermell, de veu rasposa, era l'encarregat de despertar la canalla, de vigilar a l'hora del pati que cap nen no saltés per la tanca de punxes i es convertís en una oliva per al vermut, sabeu què és, això, eh?, i també era l'encarregat de reparar les carregoses màquines de rentar la roba i de tenir a punt la maquinària de la calefacció. I era el barber. I ens tocava a la dutxa. I alguna cosa més, segur, perquè sempre el veies caminar per la casa mirant els detalls perquè no li passés res per alt. I després hi havia les cuineres i el pagès de l'hort del darrere. I les monges, que volaven silencioses pels corredors, amb aquelles ales de gavina al cap, i que ens feien classes d'inutilitats diverses, llevat de sor Matilde, que era l'única que ens mirava als ulls i de tant en tant ens pessigava la galta i ens feia somriure. I ensenyava a llegir als que no en sabíem. I, per damunt d'ella, la mare superiora, que tenia una mirada maligna. En Tomàs assegurava que era com la del diable. I a tu per què no et ve a veure ningú?

–No n'has de fer res. M'has entès?

I no m'ho van preguntar mai més. Mama, el papa no ve mai.

–Tomàs.

–Què.

–N'estàs segur?

–De què?

–Que la mirada de la mare superiora és com la del diable.

Tres-cents nens a la casa. Trenta nens al dormitori tres. Tres amics: en Toni, en Ton i en Tomàs; i ell que s'hi va afegir. I no gosava preguntar a ningú per què justament el meu pare no ve mai. Oi que podria venir? A qui ho podria preguntar? I per què no li puc dir a la mare superiora que l'Henricus em toca quan som a la dutxa?

–Perquè t'enviarà a l'infern de pet.

–No m'agrada que l'Henricus em toqui.

–Doncs aguanta't.

–Eh, eh, eh! –va reaccionar Tu després d'uns segons de silenci.

–Què passa ara...

–Que l'infern és per als morts. I jo estic viu!

–Doncs primer et matarà i després t'enviarà a l'infern.

–Ostres.

Papa, un altre diumenge. Però què fas? Encara no has vingut cap diumenge, papa. No has vingut mai. Avui un oncle d'en Ton m'ha fet arribar una bossa de caramels. Els guardaré sota el coixí. Vull que em durin molts anys per si de cas et descuides de venir. Mama...

L'Henricus va agafar-lo per l'orella i el va arrossegar fins al mig del corredor, ai, ai, ai, ai, ai, quin mal, quin mal, quin mal, quin mal! L'orella vermella com un pebrot, i el mal horrorós que no se n'anava.

–Que no saps que no es pot guardar menjar al llit? Eh? Que no ho saps, Tu?

–És que a l'armari me'l roben.

–Estàs dient lladres als teus companys? Això és molt lleig. Molt!

–Doncs un dia...

–Aquí no hi ha ningú que robi i sanseacabó.

–Però és que...

–Qui te'l robaria, vinga, aviam. Digues noms.

–No ho sé. No sé qui em roba.

–Acuseta!

–És que no ho sé...

Una altra estrebada a l'orella mentre l'Henricus hi acostava la boca i cridava, estrafent-lo, és que no ho sé, és que no ho sé: el cas és parlar malament dels altres. Porta aquests caramels, vinga'n.

Alguns nens reien per sota el nas, perquè és millor estar al bàndol del guanyador, i l'Henricus era guanyador sempre. I per això reien. Jo alguna vegada també ho vaig fer.

–Me'ls ha regalat en... la meva mama.

–La teva mare no et pot portar caramels, desgraciat!

–Que sí!

–Que no! Que és morta!

–No, senyor!

–Que una persona morta no pot regalar caramels, idiota; i encara menys una suïcida, entesos, caracul? –I fent un gest imperatiu amb la mà:– Dóna'm els caramels, vinga'n!

I l'endemà, encara amb l'orella vermella, com que

era dissabte, a la dutxa, l'Henricus amb el xiulet per apressar els nens, que no s'entretinguessin, fent tornar a l'aigua el que no s'havia esbandit prou i ensabonant algun cap, em va tocar i em va dir si et portes bé no et torçaré mai més l'orella. I em vaig portar sempre bé però no em va tornar els caramels de la mama. I va complir la seva paraula: a partir d'aquell dia em va deixar les orelles tranquil·les però, a canvi, em pegava un bolet sec que feia molt de mal, moltíssim. I les monges volant silencioses per la casa, fins i tot sor Matilde, sense sentir el soroll de les meves llàgrimes per l'Henricus que pega i toca, i com és que el papa no ve mai. I per res del món hauria volgut enfrontar-me amb els ulls diabòlics de la mare superiora. I, amb aquella delicadesa, els meus amics, un dia que estàvem sols, després de pegar-se cops de colze van decidir que fos en Tomàs qui em fes les preguntes que jo temia:

–Com s'ha suïcidat, la teva mare? Eh? Quan? Fa molt? Eh? Per què? Tu l'has vista morta? Penjada? O com? Eh?

I jo vaig arrencar a córrer per un passadís encara desconegut, tapant-me les orelles amb les mans perquè no volia sentir res més i perquè em feia molta vergonya que em veiessin plorar i així vaig descobrir el racó de les calderes, que si no és per una avaria no hi entren ni les rates. I mai més no em van preguntar res sobre la mama.

El que vaig trigar molt a entendre és que de tant en tant l'Henricus ens deia carn de presidi. Algun dels grans, dels de deu anys o més, es va fer un fart de riure davant la meva innocència i em va explicar que no era carn com la que no ens donaven gairebé mai per menjar sinó que es referia a nosaltres, m'entens, Tu? I jo vaig dir, ah val, d'acord, però no vaig entendre quina mena de bistecs érem nosaltres. Quan tenia tretze anys sí que ho entenia, això, i després he admirat la clarividència d'aquell kapo que ens feia anar ben drets. I les monges voladores ens ensenyaven més inutilitats en un castellà que costava d'entendre, en una aula presidida per Jesús clavat a la creu i les fotos dels dos lladres engominats i d'uniforme, un a cada costat.

2

La primera vegada que vam planejar matar l'Henricus va ser quan tots quatre havíem llegit i rellegit els tebeos de l'Enmascarado i del Capitán Trueno que circulaven d'amagat de les monges. Llavors ja ens escapàvem cap als camps de darrere per la finestra del vidre trencat de la sala de calderes que jo havia descobert. Un dia ens vam reunir rere els pomers de l'hort, més enllà del pou, que ens feia de pantalla si algú des de la casa mirava cap allà. Li havíem seguit els moviments: els dissabtes i els diumenges a la tarda, l'Henricus sortia a gastar-se els calés; algun cop havia anat al ball però sempre en tornava més aviat empipat.

–Això és que no té èxit amb les dones –va dictaminar en Tomàs, que era el més instruït de tots quatre.

–Ah, val –vaig dir, seriós. I els altres també van fer un gest d'entendre perfectament de què anava tot plegat.

–Ha de ser un pla perfecte.

–És clar.

–Sí, però un pla perfecte costa molt de fer.

Després d'una llarga deliberació vam decidir que el que faríem seria reunir-nos a mitjanit i pujar a les golfes, on hi havia les habitacions de l'Henricus i de les cuineres i feineres que no tenien casa on anar.

–I obrim la porta de cop sobte, ens hi abraonem i l'asfixiem amb un coixí.

–Això és aprofitar l'efecte sorpresa –va precisar en Tomàs. I tots quatre ens vam sentir importants per primer cop a la vida.

–I hem d'esborrar rastres.

–Jo, a la paret, hi pintaria la zeta del Zorro.

–És una gran idea: gràcies, Tu. Així, les sospites no seran per a cap de nosaltres sinó per a algú de fora.

–Sí: per al Zorro –va corroborar en Toni, meravellat de la meva astúcia.

I d'aquesta manera anàvem perfeccionant el pla perfecte. Fins a l'últim detall. En Toni va requisar tres ganivets de postres per si la víctima se'ns resistia.

–I si es posa tonto, l'hi tallem.

–Què li hem de tallar? –Tu, encuriosit.

–La tita, home.

–Ah, val. –Silenci respectuós:– Què és, la tita?

–La titola.

–Ah, val.

La nit convinguda vam topar amb un escull que no havíem previst: ens havíem ficat al llit amb els ulls esbatanats, disposats a fer la vetlla, però quan per fi va arribar la mitjanit, tots quatre estàvem profundament adormits. L'endemà vam decidir donar-nos una nova oportunitat i vam creure que el millor era, així que la germana Eugènia apagués el llum i sortís del dormitori tres, aixecar-nos i esperar, drets al costat del llit. Com uns jabatos.

–Eh, Tu! Què fas així, dret?

–Res.

–Que pot tornar la... Que vols que ens renyin, eh?

–Xxt, no cridis. És que tinc una rampa i...

–Si vols crido la germana o l'Henricus.

–No. Ja m'està passant. A dormir, vinga!

–Com vulguis.

I el meu veí de l'esquerra es va tombar, em sembla que una mica ofès. A les fosques vaig veure tres ombres que també tenien rampes i em vaig sentir formant part d'un equip per primera vegada a la vida. Encara no ho sabia del tot però començava a estimar els meus tres amics.

A peu dret, si estàs mort de son, és dificilíssim no adormir-te. Vam ajuntar-nos silenciosament molt abans que sonessin les campanades de la capella i, quasi sense arguments, vam entendre que per al que havíem de fer no calia esperar a mitjanit. Podia ser a les deu, per exemple. El cas era que l'enemic estigués dormint.

La segona vegada que vam provar de matar-lo ja ens en vam sortir. Però en aquesta primera encara érem massa tendres i la nostra ingenuïtat ho espatllava tot. A les deu tocades pujàvem l'escala principal, arrambats a la paret, amb una por tan immensa al cos que el cor em sortia per la boca. Vam arribar al tercer pis i a les fosques vam decidir per majoria que la tercera porta era la de l'habitació de l'Henricus. És que a les fosques tot era molt diferent i de seguida dubtaves de tot.

–Segurs?

–Ssí. Oi?

En aquell moment vam sentir un soroll i tots quatre ens vam convertir en un estampat de la paret. La porta de l'altra banda del corredor, quan es va obrir, va vomitar una taca de llum que va pintar el terra, i la figura de l'Henricus va projectar la seva ombra mentre en sortia i es cordava el cinturó i treia la llengua d'una manera rara mirant cap a dins. Ell mateix va tancar la porta, que va fer retornar la foscor, i avançà pel corredor a les fosques fins a la tercera porta, la que nosaltres sotjàvem. Hi va entrar silenciosament i a les fosques i va passar el pany amb clau. No ens havia descobert perquè encara érem uns dibuixos a la paret.

–Va: obrim i l'ofeguem.

–No, que està despert. Haurem d'esperar una hora.

–Ostres, una hora!

–I a més s'ha tancat amb clau.

–Segur?

De seguida es va sentir una fressa molt propera i la porta de l'habitació de l'Henricus es va obrir; només un llum dèbil el retallava de la foscor ambiental.

–Què cony...

Mai no he baixat una escala tan de pressa i a les fosques com aquella nit. Vam arribar al dormitori tres en cosa de segons. No sé per quina raó l'Henricus no es va posar a cridar ni a avisar les monges, però sí que va baixar i va entrar al dormitori a les fosques i es va passejar per allà una bona estona i de tant en tant mirava un nen adormit per decidir si dormia o què. Terrible. Però vam sobreviure. I l'Henricus, també. I entre tots vam deixar que arribés l'estiu.

3

–Toni.

–Sí.

–Per què en Tomàs diu sempre que li hem de tallar la tita?

–Perquè un dia el va encular.

–Ah, val.

–I diu que, si ho torna a fer, el matarà.

–Abans o després de tallar-li la tita?

Van ser molts anys d'anar creixent i la nostra colla es va consolidar. En Tomàs manava amb la mirada.

I cada dia, Tu adquiria més prestigi perquè anava perdent la por més de pressa que en Ton i en Toni. Van canviar algunes monges i les que se'n van anar volant no ens van ni dir adéu, com si la seva vida no tingués res a veure amb la nostra realitat. L'Henricus s'anava fent gran i en principi s'ho pensava dues vegades abans de ficar-se amb nosaltres, que ja teníem un tímid borrissol al llavi i galls incontrolats a la veu. A l'Henricus li interessava més el tema dutxes amb els més petits. I la colla anàvem fent. En Ton, en Toni i en Tomàs, el que ho sabia tot. I jo que, tot i que sempre venia d'Arbeca, notava que m'agradava anar perdent la por. Vaig aprendre moltes coses: en Ton em va ensenyar a pensar en l'endemà. En Toni, a dir el que pensava. I en Tomàs m'ho va dir tot sobre el sexe, que als tretze anys era l'única cosa important de debò. I encara ningú no m'havia explicat per què s'havia suïcidat la meva mare. La primera cosa que diria al papa quan vingués seria papa, per què es va suïcidar la mama. Però com que no venia... De fet, no sabia ni si era viu; potser també s'havia suïcidat. I també vaig enfrontar-me amb els ulls diabòlics de la mare superiora tres vegades, totes tres per bestieses relacionades amb l'Henricus, com si fos el nostre únic enemic. Segurament el tenien allà perquè es convertís en l'enemic oficial i deixés a les monges volar en pau. Ens vam adonar que l'Henricus tenia debilitat pels nens rossos, però el nostre codi moral ens impedia parlar-ne amb les monges i encara menys amb la família, els que en tenien. Fins que un dia que un nen rosset de primer any plorava desemparat em vaig decidir sense consultar-ho a ningú i em vaig plantar davant dels ulls diabòlics de la mare superiora, que ja no eren tan diabòlics, i em va rebre amb un què et passa, fill; parla amb tota confiança, i quan em vaig posar a parlar em va tallar en sec i em va preguntar per què difames una persona gran? Eh? Eh? Tu la va mirar als ulls, sense por, i va deixar passar alguns segons. Aquell silenci li va agradar molt. Tu no ho sabia, però estava donant un tomb important a la seva vida. Es va decidir a no respondre la pregunta i, en canvi, fer-ne una altra:

–Difamar és dir mentides?

–Bé... És voler fer mal... i...

–És que és veritat que l'Henricus va encular en Tomàs. Fa dos anys. Per Nadal.

–Aquestes paraulotes no es poden dir, mentider!

–Que li ensenyi el forat del cul i veurà si és mentida. No vull que m'ho faci a mi.

–Malparlat!

–Com ho hem de dir, si no? Eh que m'ho ha preguntat? –En aquells dies, Tu es va adonar que quan tenia un arravatament era imparable.– Eh que m'ha dit digues què et passa, amb tota confiança, fill? Eh? Doncs jo l'he obeïda. L'Henricus ara fa destrosses a les dutxes dels petits, carai, collons! Miri aquell nen de primer que no para de plorar, cony! Carai!

Un bolet sec. Ni s'havia adonat com la superiora s'havia alçat per arribar a la seva galta i havia tornat a seure, la taula entre tots dos, com la cobra que ataca i es retira. Tu va comptar fins a cinc per calmar-se, tal com li havia ensenyat en Tomàs quan, rere el pou, un noi més gran els va fer aprendre quatre claus de judo per anar per la vida.

–Sor Matilde em creuria.

–Sor Matilde ja no viu aquí.

Tu, malgrat això de comptar fins a cinc, ja criava una paciència curta com la màniga d'una armilla, i començaven a fer-se famosos els seus atacs de geni. Per això aquell dia, quan la mare superiora va repetir que ni paraulotes ni difamar, que no es creia re, re, però re del que li explicava, Tu li va cantar les quaranta posant molt d'èmfasi en les paraules desagradables, bell deixeble d'en Tomàs. Li vaig dir coses terribles per veure si així acabava creient-me. És que, quan tot tant se te'n dóna, perds la por.

Cel·la de càstig. Tancat a la cel·la de càstig per un període que determinarem.

–Per què?

–Per malparlat, blasfem, procaç i mentider.

Va ser la seva transformació. Tu va entrar a la cel·la de càstig, plena de teranyines fastigoses, sense vessar ni una llàgrima perquè per dins sabia que només era l'inici d'una guerra que l'involucrava. I es van sentir crits i nervis per la casa i ell somreia silenciosament com si fos Burt Lancaster, i això que no n'havia vist ni una pel·lícula. I se sentien moltes corredisses. I un bon dia la veu i els brams de l'Henricus van desaparèixer i van ser substituïts per un xiulet irritant que Tu va aprendre a odiar des del primer moment. M'ho vaig trobar tot fet quan em van restituir un altre cop al dormitori tres, fet un heroi. Tu ja no va tenir mai més por perquè havia superat amb nota la mirada de la superiora. Per això havia tornat del quarto de les rates amb un somriure de suficiència que va impressionar els companys.

–Com es diu, aquest paio del xiulet? –Sense ni mirar-los, tots tres al seu voltant.

–Ignasi però li diem Ignatius.

–Molt bé. Escolta, Tomàs, què vol dir procaç?

–No ho sé ben bé. Però deu ser un insult.

–Doncs la mare superiora m'ha insultat. La matem?

Tots quatre van riure. Estaven contents de trobar-se un altre cop junts. Però Tu, després de la travessa heroica del desert, semblava el més alt i valent i en Tomàs començava a resignar-s'hi.

I van passar els dies mentre ens creixien els braços i el cos se'ns omplia de pèl. I Tu va tenir un parell d'enganxades inevitables amb l'Ignatius, que de tant en tant es trobava amb l'Henricus fora de la casa per deixar-se alliçonar; segur que l'Henricus li escalfava el cap contra el bocamoll de Tu. Després d'algunes d'aquestes converses professionals, l'Ignatius va començar a adoptar el costum, calcat del de l'Henricus, de bufar el xiulet a un pam de la cara de Tu, com qui no vol la cosa. I Tu aguantava somrient perquè se sentia per damunt del bé i del mal. Fins que un dia li va respondre, somrient, amb un cop de puny a la boca que li va fer empassar el xiulet, i ara els nens reien perquè Tu era el poder i a Tu li va semblar que tot estava bé si no fos pel si no fos.

De tant en tant arribava l'estiu i molts nens desapareixien algunes setmanes i només ens quedàvem els que no teníem ningú però és que ningú. I jo havia après, creia, a no pensar en el pare ni en la mama ni en ningú encara que la casa estigués més tranquil·la. I van passar uns quants estius.

4

L'Ignatius era qui, després dels filtres corresponents i de voladisses de monges amunt i avall consultant papers, obria la porta enreixada i deia sort als que, amb l'obsequi d'una petita paga a la butxaca, abandonaven la institució per causa de l'edat sense que els reclamés cap familiar. En comptes de dir-li sort, com als tres o quatre que el precedien aquella tarda d'estiu, va remugar i va escopir-li Tu, vés a prendre pel cul. I Tu, que se sentia infinitament poderós amb diners a la butxaca, va acostar el nas al seu nas i li va dir vols que et torni a fer empassar el xiulet, caracul? I va traspassar ben tranquil el reixat de la santa institució que l'havia acollit durant la infantesa i l'adolescència. No li feia ni fred ni calor veure's al carrer amb les mans a la butxaca i tres adreces de possibles feines. Abans de caminar cap a la parada del tramvia em sembla que vaig sentir el bategar d'ales d'una monja però ni em vaig tombar. Començava una etapa gloriosa i volia que m'enxampés de cara.

Ningú no obria la porta. Potser era millor; però sabia que no tornaria a pujar aquelles escales mai més. Per si de cas, va tornar a prémer el timbre. Feia un brunzit rovellat i ple de pols. Va mirar al voltant, el tram d'escala fosca i silenciosa, amb una finestra amb vidres descolorits i bruts a cada replà. No en recordava res, com si no hi hagués estat mai. Un altre cop va prémer el timbre. Per uns moments es va imaginar dormint al replà fins que arribés, si encara era viu. I va ser llavors quan va sentir unes passes que s'arrossegaven, encara enèrgiques, a l'altre cantó de la porta.

–Qui és? –La veu apagada, quasi desconeguda. Com a resposta, va prémer el timbre un altre cop. Es va sentir fressa de forrellats i cadenes i la porta es va obrir. A dins la llum era trista, i l'home que el contemplava, estranyat, era un desconegut.– Què vols?

Havia estat esperant aquest moment des de feia tant de temps i ara no sabia exactament què dir.

–Hola.

L'home el va mirar amb esforç. Es va treure unes ulleres de la butxaca i se les va posar. El va mirar sense entendre res.

–Sí? –va dir, bufant d'impaciència.

–Em vas dir que vindries cada diumenge a veure'm. En dotze anys han passat molts diumenges.

–Qui ets?

–I cada diumenge jo em deia avui, sí, avui sí que vindrà i em portarà un núvol de sucre.

–Cony, ets en d'allò. Si que has crescut.

–Sí. I pensava avui sí que el papa vindrà i ens farem una foto, com els meus companys. Puc passar?

–Com estàs –va dir l'home sense gota d'interès.

–Cada diumenge esperant que aquell diumenge sí que vindries. Però res. Has estat molt enfeinat, oi?

–Déu n'hi do.

–Puc passar?

–No. Ho tinc tot molt...

–Anem a dinar a la taverna d'aquí a sota. M'han donat cinquanta pessetes.

–Carai, com et malcrien.

–Són perquè busqui feina.

–Ah, així ja...

–Sí.

–T'has fet molt gran.

–I tu has envellit força.

El va mirar esperant que son pare fes el pas.

–Què? –va dir impacient. L'home s'estava com un estaquirot, encara aguantant la porta com si li fes por que li caigués a sobre. Tu va insistir:– Què em proposes que faci, papa?

–Escolta, jo ara estic molt ocupat. Si de cas...

–Què va passar, amb la mama? Per què es va suïcidar?

–Val més no remenar la merda, creu-me.

–Per què es va suïcidar?

L'home va empassar-se saliva i va fer un intent de tancar la porta però Tu ho va impedir amb un gest enèrgic.

–T'has tornat a casar? Tinc germans?

–No és cosa teva, tot això. –Passant la mà com qui esborra una pissarra:– El passat és passat.

Li van venir ganes d'escopir-li als peus. S'havia imaginat tres o quatre reaccions del pare, però aquella era massa cruel i ni li havia passat pel cap. Un home encara amb nervi, amb les ulleres a punt de relliscar-li per la punta del nas, recobert de pols i de la llum miserable d'un pis mal ventilat que feia olor de ranci dient-li el passat és passat..., tot això no ajudava gens. Tu va girar cua sense escopir, sense dir res, sense insultar, guardant-se la ràbia a dintre, barrejada amb dolor. En un pis de més amunt, algú tocava el piano. Quan encara no havia baixat mitja dotzena de graons va sentir com la porta es tancava sense fer gaire soroll, una mica tímidament; però es tancava per sempre. Llavors li va caure una llàgrima no volguda, i això que els homes no ploren.

5

Va ser fàcil decidir-se. Va ser fatalment senzill. En Toni, en Ton, en Tomàs i jo érem davant la porta tancada esperant uns segons per recuperar el bleix esvalotat després de pujar tantes escales. No ens vam molestar a confegir un pla perfecte i, així que l'Henricus va obrir la porta, vam entrar en tromba, el vam tombar a terra, vam tancar la porta i li vaig dir abaixa't els pantalons. I l'home em mirava incrèdul. Com que estava quiet com una estàtua, en Ton li va abaixar els pantalons i l'Henricus va començar a queixar-se, què coll... mecagun el... hosti què feu, i coses així. El vam posar cul enlaire i en Tomàs va dir ara veuràs tu, mentre es descordava els pantalons. I ens feia tant de fàstic allò, que tots pensàvem que s'acabi d'una vegada, que si no vomitaré. No va poder fer res, en Tomàs. Es va apujar els pantalons i pegà un cop de peu al cap de l'Henricus. Com que cap de nosaltres no demostrava entusiasme, vam considerar que allò era un bon final i, amb una mena d'unció litúrgica improvisada, vam passar per davant d'un Henricus ajagut, sufocat, desvalgut i li vam clavar una puntada de peu al cap per les vegades que ens has remenat, té.

–Ai, ai, ai, ai! –Com si amb un ai no n'hi hagués prou.

–Per les vegades que ens has tibat l'orella.

–Ai! –Confesso que li vaig tibar i retorçar les dues orelles. I quan començava a aixecar-se, en Tomàs li va pegar una trompada que el va deixar un altre cop estès i gemegant i li va dir malparit de merda. I encara jo no em vaig estar de clavar-li un bon batzac a la boca.

–Ja estem? Us sembla bé? –va dir Tu mirant els altres.

Vam dir-nos que sí i vam sortir del pis deixant l'Henricus mig plorós, estirat a terra, ofegant-se amb els seus mocs en una ranera fastigosa. Segons com es prengués, havíem fet les paus amb una part de la nostra història.

Després vam saber que havien trobat mort l'Henricus l'endemà de la nostra visita i cap de nosaltres no va sentir pena. Al contrari: ens vam mirar als ulls i a tots ens brillaven. Però vam decidir que no ens veuríem més durant uns quants anys, no fos cas que encara ens perjudiqués aquell pollós de merda i coses així. Sí: ens vam separar amb una mena de pacte de silenci i jo vaig començar a treballar a la impremta.

Per això em va estranyar tant que la policia només trigués un parell de setmanes a venir-me a buscar a la feina, precisament quan començava a trobar-li gràcia a l'aprenentatge de l'ofici de linotipista, l'única cosa que m'ha interessat a la vida. Per la mort de l'Henricus havia sentit una alegria fonda, però es va apagar aviat perquè les alegries i els odis arriba un moment que no els pots mantenir sempre desperts i la indiferència s'apodera de tu i tot se te'n fot, com si comencessis a viure en una boira baixa permanent que et fa insensible a la rialla i a la llàgrima.

Els silencis de les monges voladores, el sadisme de l'Henricus, l'estupidesa de l'Ignatius i el menfotisme del pare m'havien fet passar totes les ganes de compadir-me de ningú. I una cosa em feia un rau-rau a l'ànima: com era que només m'havien enxampat a mi? Al judici vaig veure que a jutges i advocats se'ls en fotia de la virolla l'Henricus, les monges voladores, jo i tota la misèria entre reixes. Mai no em van preguntar per còmplices perquè tot va anar tan de pressa que semblava que el que volien era tapar algun forat. I l'únic testimoni de càrrec era un triomfal Ignatius que s'havia donat la puta casualitat que havia anat a veure el seu amic i mestre precisament l'endemà de la nostra incursió i encara se l'havia trobat viu i que, abans de dinyar-la, li va cantar el meu nom i es veu que només el meu, el malparit. El jutjam mai no em va preguntar per còmplices i per tant vaig evitar d'esmentar els noms d'en Ton, en Toni i en Tomàs. Em van condemnar a setze anys per no sé quins agreujants i atenuants que sumaven i restaven en el paperet que el jutge tenia al davant. I ni una paraula dels meus amics, que semblava que s'havien fos. Tu es va sentir més important perquè amb el seu silenci heroic els protegia. I ells, tots tres, es van esfumar sense ni donar les gràcies. Cagats de por. Per això, quan feia molt de temps que era al presidi fent-se farts de rumiar tot sol, el va estranyar rebre aquella visita, que va ser la primera si descomptem l'advocat d'ofici quan li havia explicat que farien un recurs i que si polles, i a qui ni li va dirigir la paraula perquè tant se li'n donava tot. Només havia pogut viure en llibertat durant unes quantes setmanes, les de la impremta, i ingressar al presidi l'havia deprimit perquè les reixes eren més dures que les de l'hospici. Però ara hi havia una raó per interessar-me per tot un altre cop.

–Ei, Tu.

–Ei.

Silenci. El guardià prou lluny per no sentir-los; ell, amb un posat absent. I en Tomàs dient eh maricó, que sóc jo. I llavors Tu el va mirar als ulls i va dir on éreu? Com és que a vosaltres no us han enxampat?

–Gràcies per no haver dit els nostres noms.

Tu va callar perquè el guardià els va passar pel costat. Quan es va allunyar una mica, mirant-lo als ulls li va dir va, vinga, qui em va trair?

–Què?

Des de l'altre cantó de la taula, va somriure i va repetir qui em va trair. Vas ser tu?

–Ningú no t'ha traït. L'Ignatius dels pebrots es va trobar el mitja merda encara viu.

–Això ja ho sé. Com és que només em va acusar a mi?

–No ho sé. De debò, Tu. –Com una lletania:– Gràcies per no haver dit el nostre nom.

–I tu per què has vingut?

–Et sap greu?

–Em sap greu el temps que fa que sóc aquí dins.

I vosaltres tan feliços. Saps que ets el primer que em ve a veure?

–És que és una mica compromès, per a nosaltres.

–Us cagueu a les calces.

El guardià va tornar a passar a la vora. Silenci.

–Em sap greu.

–I als altres?

–No ens hem vist gaire. De fet... –Silenci incòmode:– No he sabut que t'havien detingut fins fa poc. Tota la història l'he sabuda fa poc.

–I m'ho he d'empassar? Per què has vingut?

–Per ajudar-te a sortir.

–Ha, ha –va dir, tot seriós–. M'has entès? Ha, ha.

–T'ho dic de debò, Tu. Tinc un pla perfecte.

–Això em sona.

–Però aquest ho és. He conegut un paio que entra i surt d'aquí com...

Va callar perquè semblava que el guardià volia tornar a passar a la vora.

–Estic molt, molt, molt dolgut, Tomàs.

–El culpable és l'Ignatius.

Els quedaven set minuts de visita. En Tomàs, quan el guardià tornava a aguantar la paret del fons, li va explicar en veu baixa la idea que havia tingut. La idea per a un pla perfecte amb l'ajut del paio que tenia barra lliure per entrar i sortir.

–Qui ho paga?

–Jo. Sento que tinc un deute amb tu. I em van bé les coses.

–I els altres?

–També hi posaran cèntims. Estan informats.

Tu va callar. I al cap de molta estona va dir em pensava que érem amics. Fins avui no he sabut res de vosaltres. Fa dos anys que em podreixo aquí.

–Tens raó, tens raó... –Amb intensitat:– Cony, però avui t'he vingut a veure, no?

–Vau fer el mateix que jo.

–Ja ho sé... Per això he vingut ara a donar-te un cop de mà.

–Malparits. Jo –va sospirar– tampoc no sé què hauria fet.

Va fer un esforç per concentrar-se a pensar, les mans tapant-li la cara com si plorés. Cinc segons.

–Sí... –va remugar, al cap de molt–. Pot funcionar. Però té una pega.

–Quina?

–Que tinc claustrofòbia.

–Collons! T'aguantes.

–No. És més fort que jo.

–Fes-me cas, és l'única...

–Impossible. Busca una altra manera.

–No hi ha una altra manera!

–Merda!

–Sí.

–Què fan, en Ton i en Toni?

–En Ton treballa de cuiner. En Toni guanya molts calés amb cotxes robats.

–I tu?

–Estudio.

–Què estudies?

–Història i coses així. I faig de pagès.

–Ja deia jo que tenies un bon color.

–T'has de decidir perquè s'acabarà la visita i em faran fora.

–S'ha acabat el temps, senyor –va dir el guardià a en Tomàs, com si l'hagués sentit. Va fer unes passes per posar-s'hi a la vora i assenyalà l'intern:– I tu cap a dins. Andando.

Tu va mirar el seu amic i, mentre dos funcionaris li regiraven la roba per si hi amagava llimes, explosius o claus mestres, amb les mans enlaire i les cames separades va somriure i li va dir en veu alta, clara, d'heroi, et faré cas, Tomàs, encara que em mori de por.

En Tomàs va fer una ganyota d'assentiment i observà com el seu amic era engolit per la porta verda.

El pla no era perfecte ni de bon tros. Tu va estar a punt de morir esclafat entre la brossa i la porqueria del camió d'escombraries perquè es veu que no sabien que era el primer dia que hi incorporaven una mena de premsa rudimentària que aixafava la porqueria i també els fugitius per fer lloc per a més porqueria i més fugitius. Per un miracle que va atribuir a sor Matilde, va poder enfilar-se fins al capdamunt de la caixa del camió i ningú no el va veure perquè, com si hagués estat calculat al mil·límetre, aquella nit plovia a bots i barrals, els vigilants estaven ocupats a mirar de no quedar gaire xops i, a més, se n'havia anat la llum i els grups electrògens no tenien fuel perquè el director se l'havia revenut als pagesos de la zona a un preu interessant per a ambdues parts. Un cop el camió va fer la primera aturada, en va baixar com va poder. Era lliure; a les fosques, però lliure. Ple de merda i peles de plàtan, però lliure com quan havia abandonat l'internat i es volia menjar el món. Durant uns segons va rumiar si no era una bestiesa allò que li venia de gust fer. El més assenyat era deixar-se de quimeres, fer cas del consell tímid del seu magí i fugir cap a França per deixar passar un parell de mesos i vagar pels boscos menjant pinyons. Lliure. I esperar que s'esvaís tant l'interès dels que l'estarien buscant com la ràbia que el coïa per dins. No. Tampoc no ho va aprofitar per embarcar en cap vaixell d'aquells que no fan preguntes als homes desesperats que hi demanen feina. No. Vaig tornar a Barcelona per ser ben a la vora de la tragèdia. Sense esperar cap estiu.

6

Es va obrir la porta i es va encendre el llum. L'Ignatius va llançar la jaqueta damunt del llit i llavors alçà el cap. El xiulet, que encara duia a la boca, com la criatura el xumet, li va caure a terra. Assegut a la cadira de vora la finestra, el fastigós de Tu li somreia.

–Què fots aquí?

–Encara no t'havia arribat la notícia?

Abans que l'Ignatius pogués reaccionar, Tu s'havia aixecat, havia tancat la porta amb un cop de peu i estava agafant l'home pel coll, amb una força terrible. L'Ignatius va començar a espeternegar, perquè ja no tocava de peus a terra.

–Què vols?

L'Ignatius assenyalava cap a l'armari mentre amb l'altra mà provava inútilment de treure's Tu de sobre. Aquest li acostà la boca a l'orella i va dir et deixaré anar a poc a poc perquè m'expliquis això tan interessant. Però si fas un sol crit, et mato.

L'altre volia dir que sí, però no podia ni moure el cap. Tu va començar a afluixar la pressió fins que va deixar que toqués de peus a terra. L'Ignatius començà a poder respirar.

–Si crides...

L'home va fer un gest que sí, que sí, que sí, mentre recuperava el bleix. Tu el va llançar, com un sac de patates, damunt del llit, recollí de terra el xiulet, on hi havia la clau, i tancà la porta de l'habitació. Mentrestant, l'home es tocava el coll i mirava de reüll cap a l'intrús. Van estar un minut així, calculant-se, amb un tel de silenci que els embolcallava tots dos. Com si no hi hagués res més al món.

–He vingut a matar-te.

–No. Jo...

–Sí, és clar: em vas acusar sense voler.

–No, no... Si no em mates, et cobriré de bitllets.

–Si ets una rata pelada.

–Tinc calé llarg.

–Per què em vas denunciar?

–Et donaré molts diners i te'n podràs anar.

–Per què em vas denunciar?

–L'Enric era amic meu.

–Qui és, l'Enric?

–L'Henricus.

–Quins amics que et tries!

–Ell em va dir que l'havies apallissat tu.

–Jo sol?

–Sí.

Tu es va abraonar sobre l'Ignatius, però aquest retrocedí, al llit, fins a la capçalera. Damunt del cap, el Crist crucificat, indiferent al que passava, es mirava els peus.

–Per què menteixes? –Se li va acostar:– Tant me fa perquè et mataré igual.

–Et donaré tots els meus diners. Tots.

–No tens ni un ral.

–Sense diners no pots viure amagat.

–Deixa de dir/

–Sóc ric! –va cridar, espantat–. T'ho dono tot i vés-te'n.

–On tens aquests diners que dius?

–Dins de l'armari. –L'assenyalà mentre s'incorporava.

–Tu quiet!

Tu va anar cap a l'armari mentre deia entre dents no me'n fio ni un pèl. L'obrí. Roba penjada. I dos calaixos amb roba interior.

–Oh, quants diners.

Tu va treure un ganivet de la bossa i va dir s'ha acabat.

–Aquí dintre! –va fer, desesperat, l'Ignatius.

Assenyalà la paret de l'armari. Amb gestos cautelosos s'hi va acostar, les mans obertes, per deixar clar que no amagava cap truc. Va separar una fusta que semblava de la paret de l'armari. De dalt a baix, tot l'armari estava folrat de paquets de bitllets premuts i ben arrenglerats, ben agafats per cintes. Un bé de Déu de bitllets de... bitllets de... La mare que et va...

–Tot per a tu si em deixes viu.

–D'on els has tret?

–Els teus grans amics, que es guanyen bé la vida, me'n passen cada mes.

–Per quins set sous?

–Per haver-me oblidat d'acusar-los.

–La mare que...

–I cada mes, paga que és gata. Cada dia trenta, la paga pel meu silenci.

Fins i tot els ulls li brillaven. Va fer un mig somriure que potser era de pànic.

–Tot teu i te'n vas –va dir. I va seure, abatut, al llit.

–Els meus amics són rics? En Tomàs fa de pagès.

–És pagès. Ha heretat una finca que es veu que li va molt bé. I en Ton treballa en un restaurant d'upa.

L'altre és mecànic i la bitlla de conya. S'han sabut espavilar.

Per uns moments, Tu va envejar aquell panorama. I va sentir una ràbia fonda per tot el temps que havia perdut, de braços plegats mirant la paret escrostonada de la cel·la. Va fer un esforç per centrar-se en la feina.

L'Ignatius, sense mirar-lo:

–Com has fugit?

–Corrent més que els guardians. Cinc dies caminant de nit, menjant glans d'alzina, robant gallines per beure'n la sang, una meravella; i allunyant-me del presidi només pensant en tu. Ja sabies que havia tocat el dos?

–Sí.

–Fa dos dies que visc aquí, sentint el teu xiulet de merda. M'he pogut canviar de roba i atipar-me...

–La policia va regirar la casa per si se t'havia acudit de...

–Em sembla que sóc qui es coneix més bé tots els racons d'aquest edifici. I tu tot el sant dia fotent fressa amb el teu xiulet...

L'Ignatius va alçar el braç cap a l'armari, amb ganes d'acabar:

–Tot teu. En paus?

–Hi ha un problema.

–Quin?

–Que quan giri cua amb els calés, em denunciaràs.

–Et juro per ma mare...

–No em facis riure.

Va ser rapidíssim, i l'Ignatius ni se'n va assabentar. Un cop amb el cantell de la mà a la nou del coll. Va caure com un sac de fer farcells. El va posar damunt del llit i es va entretenir a cobrir-lo de manera que semblés que estava dormint. Remenà a l'armari fins a trobar una bossa de roba, que va haver de buidar.

Amb la bossa plena va fer el camí a la inversa i tornà a la cel·la de càstig, on havia passat dos dies recuperant les forces gastades en la fugida i des d'on havia fet ràtzies a la cuina i a la procura de roba fins a convertir-se en un home nou. Va sortir per sempre de l'internat per la finestreta de la sala de calderes que feia una pila d'anys que encara tenia el vidre trencat.

7

Quan el tractor es va aturar per agafar el revolt, una ombra obrí la porta i s'enfilà a la cabina d'improvís. En Tomàs va fer un crit d'esglai.

–Collons, Tu! M'has espantat!

Tu va seure al costat d'en Tomàs. El tractor continuava llaurant i tots dos miraven endavant.

–Quina alegria, Tu. Veig que te n'has sortit.

–Gràcies.

–De res. Per això hi som els amics, no?

–No m'havies dit que l'Ignatius us tenia collats, i això m'emprenya molt.

En Tomàs no va respondre. Mirava endavant,

atent a no decantar-se del solc que llaurava. Unes perdius amagades al rostoll van fugir amb un vol ras, desconfiat.

–Que hi has parlat?

–Sí. I hem arribat a un acord.

–Quin?

–Que us deixi en pau.

–No el coneixes. No ho farà.

–Ho farà. –Va mirar el seu amic, que mantenia la vista al davant, conduint:– M'has tret del presidi perquè el pelés.

–Però on vas, home!

Silenci durant tota una renglera. Amb una veueta escanyada:

–Ho has fet?

–És mort. De mort natural.

–Carai... Bé... –El tractor va fer un sotrac perquè devia haver ensopegat amb un pedrot tossut.– Tu ets l'únic que ho podia fer. Gràcies.

–I per què el volíeu pelar?

–Perquè t'havia fet mal.

–Jo diria que és perquè us estava extorquint.

–Bé... D'acord, sí, per això també. És com viure amb una llosa al damunt.

–Me'n faig el càrrec.

–T'ho compensarem.

–I tant: a partir d'ara em pagareu en aquest compte bancari la mateixa quantitat, però no cada mes sinó cada dia quinze i cada dia trenta.

Li va posar un paper doblegat a la butxaca de la camisa. Van fer tota una altra renglera de llaurada en silenci.

–I si no?

–Imagina-t'ho.

En Tomàs va aturar el tractor al bell mig del tros. Va mirar Tu als ulls. El motor al ralentí semblava la fera que s'ho rumia abans de l'atac.

–Puc denunciar que tu has matat l'Ignatius.

–A hores d'ara tothom s'ho imagina. I pensa que demà és dia quinze i vull la primera paga.

–No m'agradaria haver-ho de fer, però et puc denunciar ara mateix. –Va fer arrencar la màquina com si volgués donar més força al seu advertiment.

Tu, amb un gest sec, va donar una volta a les claus del tractor, se les va quedar i el vehicle va fer un singlot, s'aturà i es féu el silenci. Una garsa, no gaire lluny, va llançar un crit indignat.

–No m'amenacis, Tomàs. Fas pena. –Li va tornar les claus.

–Que no saps que et puc denunciar en qualsevol moment?

–Veig que heu pensat un pla perfecte. Però no comptàveu que ja sóc un kamikaze.

–Un què?

–Que si el pla perfecte és aquest, tots tres caureu amb mi. Serà divertit. Avisa en Ton i en Toni. Ja no em ve d'una mica més de gresca. Demà és dia quinze i vull la primera paga.

Una dotzena de pardals entremaliats començaven a investigar amb entusiasme les sorpreses que oferia la terra acabada de llaurar.

–I si no?

–No durareu ni cinc dies. D'un en un. Encara no sé en quin ordre. Pam. Pam. Pam.

Va obrir la porta i saltà a terra. Va mirar al voltant:

–Fa molt de goig, això.

Assenyalà en Tomàs amb el dit:

–He canviat molt, saps?

Els pardals van arrencar el vol escandalitzats per aquell comentari.

Mentre s'allunyava del tractor silenciós, no va voler pensar que l'esperança que l'havia abandonat en entrar al presidi potser no tornaria mai més. I encara no havia acabat tot el que volia fer per desempallegar-se de tanta boira baixa que li omplia la vida.

Va tocar el timbre i durant una bona estona no va passar res. Va insistir amb el timbre, tot i el seu to irritant. Deixà de fer-lo sonar quan va percebre les passes, més cansades, arrossegant-se a l'altre cantó de la porta.

–Qui és?

Com si ja ho hagués viscut o perquè ho havia viscut, es va estalviar de tocar el timbre un altre cop. Va picar suaument a la porta amb els artells. Fressa de forrellats i cadenes i la porta es va acabar obrint.

L'home estava més vell, més desorientat, més desconegut.

–Què vol?

–Hola.

–L'home va agafar les ulleres de la butxaca i se les va posar. El va mirar però no el va reconèixer.

–Sí? Què vol? –Desant les ulleres un altre cop a la butxaca.

Ell va fer un pas i va entrar a la casa.

–Eh, eh! Però què fa?

Un cop a dins, el nouvingut tancà la porta i es plantà davant del vell.

–No et vas assabentar del judici? –va dir com si renyés una criatura–: No et van dir res quan em van enviar a presidi?

–Ah, cony! Ets en d'allò! –Tornà a posar-se les ulleres per observar-lo bé:– Estàs fet tot un home.

–Em podries haver visitat a la presó, no et sembla?

–Ai, cony: la presó és per a qui l'ha feta grossa.

–Fantàstic.

–O sigui que ja t'han deixat anar.

–Sí. Què va passar amb la mama? Per què es va suïcidar?

–Mira, Tu, no comencis una altra vegada.

–No m'ho vols explicar?

–No. No és cosa teva.

No va poder dir res més ni pensar en res més, ni arrossegar més els peus: amb el cantell de la mà, Tu li va trencar algun os del coll. L'home va caure com un farcell desmanegat. Les ulleres van saltar en l'aire i encara van fer més fressa que no el cos esquifit de l'home en caure a terra.

Tu va ajupir-se i va assegurar-se que son pare era mort. Es va aixecar i començà a encendre llums de corredors i habitacions. Bombetes nues i tristes mig il·luminaven un desordre miserable. Al menjador, un hule ple de molles de pa. Al bufet del menjador va trobar la foto en un marc senzill. La dona tenia una mirada brillant, il·lusionada. La va mirar una bona estona i se la ficà a la butxaca. Per sortir de casa va haver d'apartar el cos del vell, que no deixava moure la porta. L'escala era a les fosques. Li va semblar sentir el piano d'algun veí que tocava una música força trista. O potser era ell que se sentia trist. Sense fer gens de fressa, com si no volgués interrompre el recital, va tancar la porta de casa per sempre més i es va esforçar per deixar caure unes llàgrimes de tristesa i potser de dolor, però no se'n va sortir perquè els homes no ploren.

A SOU

Home, doncs perquè jo diria que els soldats maten d'ofici. Els que en són més conscients són els d'infanteria: poden veure cara a cara l'enemic i poden sentir els plors dels nens. Els que llancen bombes no arriben ni a ensumar l'olor de socarrim que provoquen les seves accions. Però tots plegats maten d'una manera impersonal. Els que més se m'assemblen són els franctiradors: cada tret és un mort, com qui diu, amb dedicatòria, personalitzat. Però sempre amb la seguretat de la distància i amb l'ajut d'una bala. Veuen la víctima però no els fa falta conèixer-la de res. Jo, no. Jo mato de tu a tu: treball de proximitat. Mato persones amb nom i cognom a les quals abans he mirat als ulls. La meva feina ho requereix. No em puc permetre cap error perquè se m'acabaria l'anomenada de cop i volta: és un ofici molt cruel, aquest, perquè encara que sembli mentida hi ha una competència duríssima, en el meu ram. Per tant, per no haver de patir, no em puc permetre mai cap error. Mai.

Sí, sí, l'entenc; però no: cap remordiment. El que

faig és un pur acte professional. Miri, jo he matat homes, dones, nens, gossos, cavalls, avis; de tot, amb predomini dels homes de mitjana edat. Mai no he pensat que era diferent matar un caixer xerraire que neutralitzar una criatura de dotze anys l'existència de la qual pertorbava profundament els plans del meu client.

És clar, és que a la vida hi ha gent que destorba; jo soluciono el detall i punt. Que per què els miro als ulls? És la meva garantia. Cadascú té el seu estil: el meu es basa en l'absoluta certesa que aquell és el meu objectiu. Abans, en les setmanes prèvies a l'acte, estudio per menut la fisonomia del meu objectiu, el segueixo en la seva vida normal i, fins i tot, hi tinc una conversa ocasional.

És clar: és llavors quan aprofito per mirar-lo als ulls. I em sento com una aranya gegant.

Sí, home: la víctima no sap ni que és víctima ni que ja li tinc parada la trampa d'on mai no es podrà escapar.

Per què, compassió? Aquella persona destorba el meu client i ja està. I qui paga té les seves raons, en les quals no vull entrar. Jo em limito a fer bé la meva feina i prou.

Bé, com ho expressaria: com tots els que es dediquen a tasques semblants, visc bé, sense estretors però potser una mica massa sol. Tinc dones, però de vegades em mossega el cuquet de la llar de foc encesa i una mà que t'acarona el clatell mentre deixeu escolar la tarda sense cap altra pretensió que la de mirar com se't van fent arrugues imperceptibles a la cara.

Sí, sóc una persona molt sensible: entenc que de vida només n'hi ha una, i això em fa valorar molt els detalls en les relacions, per exemple. Ara fa poc he decidit que viuré amb una de les meves amigues.

Sí, sí, convivència marital, sí. És una gran senyora que no em pregunta on vaig quan dic que tinc feina i sóc fora un mes sencer. A més, quasi té tanta afició a l'art com jo.

Ui, pensi que a casa tinc unes parets força carregades de teles bàsicament contemporànies. I ara li diré un secret: en un raconet discret hi tinc penjat *La paysanne* de Millet.

Exacte: la que es va fer famosa per...

No, no: estic ben tranquil. És una petita fortuna que m'obliga a tenir instal·lat un sistema sofisticat d'alarma a casa. La veritat és que m'ho puc permetre.

Dues a l'any. Alguna anyada excepcional, tres intervencions.

No, no: prou i massa. Més no, perquè tampoc no podria viure: pensi que per a cada intervenció necessito unes quantes setmanes d'estudi teòric i després de treball de camp. A més, sessions d'assaig i de redefinició. Després, l'actuació i el replegament, que no vull fer de manera precipitada. Tot plegat m'ocupa de tres a quatre setmanes. Perfeccionista? Indubtablement. Però és que en aquest ofici o ets perfecte o t'enxampen al primer encàrrec.

No, jo no visc amb l'ai al cor; no em valdria la pena. Jo visc tranquil primer de tot amb mi mateix;

després, amb els que m'envolten i estimo i després amb el món. I, evidentment, no em fa gens de por cap mena de represàlia perquè el meu sistema de replegament és tan eficaç que ningú no sap que existeixo. Vull dir que l'afable senyora àvia de Delhi que va morir d'un atac de cor, ningú de la seva inacabable i sorollosa família ni sospita de lluny que va ser assassinada. O aquell nen l'existència del qual complicava les coses va tenir la desgràcia d'ofegar-se un dia que hi havia bandera vermella a la platja. És clar: el servei de seguretat de la família va rebre l'esbroncada de l'any perquè el nen, que era un peça, s'havia escapat del seu control i ningú no sabia on era. I resulta que la criatura estava empassant-se aigua amb els ulls esbatanats perquè jo l'agafava pels turmells des de sota l'aigua i no el deixava surar. Van trigar dos dies a recuperar el cadàver perquè la mar moguda fa males passades.

Àngela Maria! En cada cas he de crear una situació, he d'inventar una mena de novel·la dins de la qual la mort desitjada tingui uns paràmetres d'acceptació que no deixin espai al dubte ni a la sospita.

Què! Es pensava que anava pel món amb un fusell amb mira telescòpica i tot això? Per l'amor de Déu, per l'amor de Déu, que som al segle vint-i-u!

Si vol que li sigui franc, la ratlla entre la vida i la mort és molt fina. Jo m'encarrego de gestionar-la en alguns casos concrets i ho faig amb netedat. La qual cosa no vol dir, si és que som uns bons professionals, que les morts gestionades siguin innòcues. Que això no és un escorxador, senyor meu. Si l'argument que he creat demana una mort esgarrifosa, doncs la mort és esgarrifosa, i no em sap greu dir que no tot es pot resoldre amb oportuns atacs de cor.

Miri, pare: estic convençut que el meu bagatge cultural m'ajuda a fer una feina neta, precisa i incontrovertible. La qual cosa no vol dir que hi posi més pa que formatge: mai no m'extralimito ni jugo amb l'escenificació. Per a mi, els assassins que deixen guants, cartes de trèvols i altres tipus de signatures, em semblen tendrament patètics, sortits d'una novel·la d'Agatha Christie, i que l'únic que desitgen, en el fons, és ser enxampats perquè la gent els admiri. El meu repte consisteix a no existir per a ningú. Fins i tot no existeixo ni per als meus clients.

Com pot comprendre, ara no li explicaré quins mètodes, així, en plural, segueixo per contactar jo amb els clients i ells amb mi. Però li puc dir que mai no m'han vist la cara ni em coneixen el nom ni la veu; i fins i tot ignoren el número del meu compte corrent. I el parany que he construït, diferent en cada intervenció, el destrueixo en acabar cada feina. Perquè algun d'aquests clients podria convertir-se en una amenaça per a mi en el cas que les coses li anessin mal dades i volgués fer derivar responsabilitats. Em blindo per totes bandes, i és per això que puc dormir tranquil.

Perdoni, però jo no parlo mai de víctimes: parlo d'objectius.

Pietat, diu? Pietat? Que consti que no tinc res contra els meus objectius: al contrari, els estic agraït perquè em permeten poder comprar-me aquell Pollock que fa temps que festejo. A part d'això, no hi tinc cap mena d'obligació ni moral ni econòmica ni sentimental.

Doncs he actuat a tots cinc continents i sempre amb aquestes premisses.

Que per que l'hi explico? Sap, pare? Arriba un moment que un es planteja definitivament la jubilació, i llavors, vulgues no vulgues, tens ganes d'obrir-te, d'explicar-te, de sortir de la closca ni que sigui de manera momentània abans de reconvertir-te en un ciutadà honest que obre una galeria d'art per entretenir les hores lentes del dia. I tot allò que li he explicat de la llar de foc encesa i deixar passar el tic-tac del temps.

Perquè un confessor sempre és la garantia més clara d'inviolabilitat del secret.

Doncs no, la veritat, no n'estic penedit.

Però a veure, home de Déu, com vol que estigui penedit d'allò que és l'orgull de la meva vida?

Oh, és que no busco l'absolució. Només busco unes orelles atentes. Vostè és l'excepció a la manera d'actuar que tinc en les accions que he creat fins ara. Mai no havia parlat de mi, però sabent que la feina que ara estic duent a terme és l'última d'una llarga i fructífera activitat professional, m'he permès aquesta frivolitat.

No, no tinc cap mena de por que ho expliqui a ningú perquè crec fermament en les lleis fèrries del secret de confessió.

D'acord, vostè pot ser capaç de cometre aquest horrible pecat d'explicar secrets de confessió, sí. En això té raó. No fóra la primera vegada, pel que jo sé.

No cal ser creient per saber-ho.

Què vol que li digui: sóc una persona informada.

Per què estic tan tranquil? Perquè vostè és precisament el meu últim objectiu professional, pare.

No el vull ofendre, però espero que es faci el càrrec que no li puc revelar el nom del client que m'ha fet la comanda.

Que li dic que no; no cal que insisteixi. Però el que sí que em ve de gust de dir-li és que se'n faria creus si ho sabés.

Possibilitats? No cal que arrenqui a córrer, perquè no en té cap ni una, pare. Vostè és el meu punt final. Adéu-siau, ha estat un plaer.

POLDO

Lo meu nom, Poldo. Lo cognom dels pares, Blasi i Calpena. La meua casa, casa Gargall d'Àrreu. La meua especialitat, lladre de corders. Lo nom de guerra, Poldo Gargall. Me vai fer lladre perquè odiave la feina de pagès, tot lo dia mirant en terra amb l'aixada o la dalla, cagondeuna. Vai tindre dies de glòria fent canviar d'amo centenars de corders sense que es pastors, ni es amos, se n'adonessen. É una feina delicada, que demana paciència, perquè lo bestiar s'ha de distreure a poc a poc; i has de tindre pletes clandestines per emmagatzemar el fato abans de passar el port. I, sobretot, has de tindre un bon comprador que se les quede i les allunye de la vista de tothom. É una feina bonica, sana, a l'aire lliure, que te permet viure sense treballar, que te fa guanyar cèntims i córrer món, des d'Arcalís i Baro fins a València, de Tavascan a Arrós i el Vallat d'Estaon i Tírvia, d'Alins a Llessui, de Tor a Isil, i si molt m'apureu, fins a la llera del Flamisell, a l'atra banda del món. I tamé cap a terres gavatxes. De vegades furtes un sol animal i fas dos dies de camí. L'alegria que sento a l'arribar a l'amagatall de la pleta del bosquet de Perosa amb lo nouvingut i trobar-hi una vintena de corders mansois esperant-me que els trega a pasturar, redéu! É una alegria que em costa de dir però que espero que s'entengue. Ho fai tan bé que cap pastor, per més que diguen que se'ls coneixen tots pel nom, no sap mai si en té dos-cents trenta-quatre o dos-cents trenta-cinc. É u no? Carallots de Déu, es pastors. Alguna vegada, si n'havia recollit un bon ramat, havia pogut xollar les bèsties abans de fer-les passar el port d'Aulà i encara m'havia fet un sobresou venent la llana a bon preu a algú que no fes preguntes. Vai tindre una bona vida sense haver de tocar aixada ni falç ni dalla, i no me'n queixo. Però després de la bonança ve la tempesta, i amb la brufada, la desgràcia. La meua va ser haver deixat restes de foc i pells de formatge massa a la vista. Formatge que havia agafat a Ricard d'Alós, el de casa Garlera. Sembla mentida com es pugue badar tant. Segurament és que, tants anys de negoci sense entrebancs, t'acabes refiant. Tampoc no sospitava que ja m'havín ensumat. Precisament, feia uns quants dies que hostatjava una vintena de corders robats a Caregue de Son, lo republicanot milionari que si encara és viu és gràcies a Déu i al contraban i que té tant de corder que ni el pot comptar. Però se veu que sí, que el molt reputes de malparit les compta cada dia. I amb les corders de Caregue ja teniva a la meua pleta de Perosa una trentena de bèsties d'un dels ramats del Tort d'Alós, que aguet sí que no les trobarà mai a faltar.

L'error va ser tocar es moltons de Caregue perquè ni que li haguesses distret mitja dotzena d'auvelletes, no el feves pobre, però li tocaves les ous fins al moll de l'os dels collons i no et deixave en pau fins que no et tenive agafat pels pebrots. Venjatiu. Rancuniós. Van ser tres homes de Caregue, avesats a seguir rastres, els qui van fer supo-supo amb jo.

–Rata –va fer l'alt i gros, escopint a terra.

–Ei, Déu vos guard i l'àngel bo. –Jo, somrient i obrint les braços en senyal d'hospitalitat cordial.

–Què?

–Que Déu vos guard i l'àngel bo.

–Cagondéu, Déu vos guard! –Es va tombar cap als dos muts:– Mireu la marca dels corders i marqueu els que faigue falta.

Les dos muts van seguir i resseguir les bèsties. A quasi una vintena hi van trobar la marca a la perna. Jo no sabive que feve uns mesos que Caregue, pensant en es lladres com jo, els feve una marca xica que s'haví de saber trobar. Trampós. Les dos muts van marcar al foc, allà mateix, totes les auvelles del Tort, que mai no s'haví molestat a marcar cap corder perquè considerave que totes les bèsties del Pallars només podiven ser seues. I mentrestant, lo majoral em mirave, mastegave una herba, somreïve i vés a saber en què pensave.

–Cinquanta-tres corders a la pleta! –va cridar un dels muts–. I ara ja són tots de Caregue.

–Ui, ui... –va remugar lo majoral–. É lo segon cop, Poldo. –Va callar perquè anave molt lent calculant. Al final, va dir:– Cinquanta-tres corders són cent fuetades.

–Doncs ja podeu començar perquè tinc pressa –vai gallejar.

–Tu, pressa?

Lo majoral es va tombar per riure amb les dos muts, que s'hi van afegir amb ganes.

–Hai de portar es corders del Tort al seu amo –els vai advertir–. M'està esperant a jo.

–Heu sentit, muts?

–Ací no hi ha corders del Tort. Ni un.

–Qui me'ls ha furtat? –Vaig mirar al voltant, una mica fent teatre, com mossèn Joan d'Àrreu quan parlava des de la trona buscant lo diable entre la gent:– Segur que a prop meu hi ha uns quants lladres.

Hai de reconèixer que me perd la llengua. Massa llarga. Agueta vegada me va perdre ben perdut perquè el majoral se va despenjar l'escopeta i me va apuntar al pit sense dixar de mastegar l'herbeta, sense dixar de somriure, sense dixar de pensar en vés a saber què.

Ja sabive que tenive un futur negre com l'estalzí. Però no me vai poder estar de dir cagon la puta mare que ha parit lo Caregue i cadascun dels cagallons bords que li fan la feina bruta.

Jo només hauria volgut dir dispara d'una puta vegada, que estic cagat de por i per res del món no me vui cagar a les calces. Però en ves de dir açò, me van sortir unes paraules més com es dels notaris o els poetes i en lloc de dir dispara d'una puta vegada vai dir allò del cagon la puta mare, que reconec que me va quedar llis i rodó com un còdol.

Lo majoral, que no entén aguetes finors, va disparar amb lo canó a un pam de la meua panxa. Em va destrossar la saca dels budells, que van caure per terra. Vai esquitxar el prat i algun corderet que s'haví acostat massa i que va rebre, com si fos lo xic que bategen a la pica de la Mare de Déu de les Neus, la meua marca de sang. Però no me vai cagar a les calces.

Me van colgar sota dos pams de terra, ben a prop del camí de Montgarri, en silenci, amb presses, renegant de tant en tant i cagant-se en la brutícia que havia escampat. I se'n van emportar les cinquanta-tres corders i me van deixar sol. Lo darrer bel que vai sentir devie ser a l'hora que el sol s'amagave per la Coma o pel Bosc de Benabé. A poc a poc i durant molts dies i molts mesos me vai anar convertint en terra humida.

No sé quant de temps va passar. Sota terra es dies són tots foscos i van més de pressa o poder més a poc a poc, no ho sé. Al cap de molt de temps, un dia vai sentir que furgaven molt a la vora de la meua cama o del que en quedave. Una fura, o una guineu afamada, vai pensar, inquiet, perquè sempre m'han fet por les mossegades. Però de seguida vai sentir renecs i crits que no acabave de copsar. Jo m'entenc amb es gavatxos de l'altra banda del port d'Aulà o del de Salau, que parlen com es aranesos. Però es crits aguells me semblaven castellans, i jo el castellà no el pesco perquè parlen molt de pressa. Mentre estava fent aguetes reflexions, van fer jeure ben a la vora meu cinc homes joves. En coneixive un: era el Zidro de casa Juliana de Borén, el germà gran de casa Juliana, que era força més jove que jo. Però portave una bala al cap, lo malaguanyat. Després me vai fixar que els atres quatre convidats també anaven foradats de front i teniven poques ganes de gresca.

Lo temps es va escolar lentament, o potser amb rapidesa. Tots cinc nouvinguts aviat van convertir-se també en terra humida. I no vai aconseguir lligar-hi ni una conversa sencera. Vam estar així durant molt de temps del temps que s'escola sota terra. I un bon dia, o potser una nit, van començar a rascar la terra del damunt. Vai tornar a pensar en salvatgines o en l'ós i vai témer un altre cop una mossegada, tot i que ja no hi haví res per mossegar. Però tampoc aquest cop es visitants no volien cruspir-se'm. Potser se'm va acudir que tenívom visita: atres nouvinguts amb una bala al cap. Sentive lo ròssec d'una pala traient terra. I un pic que picava amb poca força. Fins que algú, una gent molt cridanera, me van fer sortir a la llum del dia, terriblement encegadora. I van treure es meus companys i mos van fotografiar. Me van fer pessigolles a la calba amb un pinzell, se veu que per treure'm la pols. I al cap de poca estona van fer acostar-se tres padrines que mos van mirar amb aire de circumstàncies i se van posar a plorar emocionades. No en vai reconèixer cap. Sense demanar-me el parer, me van arrencar un bocí d'os i mos van cobrir no sé si amb terra o amb lones. De tant en tant venive algú, mos mirave, mos feve fotos, parlaven i no sé ben de veres què diven perquè tant de temps colgat te fa venir fluixera i no acabes d'entendre la gent i quasi ni la sents. Van vindre més padrines i algun home vell, també. I més fotos, com si fossen lo Maties Rafel de Sort però sense tantes històries de posar-se dret, ni vestits de festa major, ni res de mirar lo moixonet ni res de tot açò. A jo, de xic, van estar a punt de fer-me una foto, però al final no va poder ser. I ara, calb, vinga a donar-me pel sac.

Un dia van vindre homes importants i molts visitants. Van fer discursos i mos van cobrir curosament amb la terra que fins llavors mos haví acompanyat. Vai dixar de sentir com parlaven. Però vai poder veure que posaven una pedra plana dreta al costat d'on jaívom. Després de molts dies o mesos o anys, no ho sé, vai aconseguir esbrinar què hi dive:

FOSSA DE LA BORDA DE PEROSA

Aquí reposen per sempre les despulles de
Jordi Gasset Casadevall de casa Gorró d'Isil,
pagès, 38 anys
Lliser Sansa Barlabé, de casa Moros d'Alós,
pagès, 57 anys
Isidre Tirvió Pena de casa Juliana de Borén,
25 anys
Jaume Lamarge Riu de casa Magí d'Isavarre,
ferrer de tall, 41 anys
Narcís Barlabé Giralt de casa Cardet d'Isil,
pagès, 33 anys
Pagès desconegut

Herois i víctimes de la Guerra Civil, assassinats
per les tropes franquistes el 10 de maig del 1939.
Que les generacions futures guardin memòria d'aquests
màrtirs honestos i valents.

Borda de Perosa, 10 de maig del 2002

Tota la vida esforçant-me per no fer de pagès, cagon seula. Voleu la vritat? M'haurí agradat més que allà on parlen de jo, allà on diu pagès desconegut, hi haguessen posat Poldo Gargall d'Àrreu, de quaranta-tres anys. I al costat: «lo més bon lladre de corders de totes es valls».

BUTTUBATTA

És una habitació espaiosa, de sostre alt. Totes les parets estan folrades de llibres. L'amo entra a l'habitació i mira, neguitós, al voltant, la pipa enlaire, com si la fes servir per assenyalar. Sembla que ja no recordi per què hi ha entrat. Segurament per fer memòria, contempla la tauleta, el telèfon, el bloc de notes. Mira al voltant i es distreu fixant-se en el llom groc del *Manual dels inquisidors*, en l'edició d'Anvers, que havia comprat feia deu o dotze anys, quan encara vivia tranquil, quan encara ningú no li havia ficat l'infern del dubte a dintre amb aquell insistent ara és que sí, ara és que sí, tu. L'amo no ho sap, però està examinant l'escena del crim mentre encara és, només, una extraordinària i plàcida biblioteca amb llibres de bibliòfil, dos incunables i altres meravelles de la impremta. I llibres ben vulgars, fins i tot –i em sap greu dir-ho– de butxaca. I jo que, encara que no ho sàpiga ningú, sóc el més antic de la biblioteca. Ara s'asseu a pensar. Què havia vingut a fer-hi? El telèfon. Això: volia encertir-se que el telèfon estigués ben penjat, perquè de vegades, quan més el necessites... L'amo s'assegura que el telèfon estigui ben penjat. Mira al voltant, sense fixar-se en nosaltres, que tota la vida li hem fet companyia. O sigui que no: l'aparell estava ben penjat. L'arma amb què s'haurà de cometre el crim reposa damunt la taula. És de vidre i s'oculta en la forma d'un cendrer ben anodí. L'amo hi pica la pipa apagada. Amb un llumí de fusta en remena la cassoleta i torna a picar contra l'arma del crim. Encén el llumí. Un núvol de fum blau i olorós. Que confortable, si no fos que.

L'amo té cinquanta-set anys. Ho sé perquè els ha fet avui, precisament avui. No ho ha dit a ningú, però la Maria, per fer-li la llesca, perquè tingués ben clar que ella no s'oblida d'aquestes coses, li ha fet arribar un pastís amb els dos números vermells de cera i amb el ble d'espelma per barret. El malparit del pastisser, perquè es necessita ser malparit, havia col·locat primer el set i després el cinc. O potser era cosa de la Maria? L'amo els havia canviat, indignat, sense saber que mai no arribaria a aquella edat; potser ell era la víctima del cendrer. Ho fos o no, ell no ho sabia i encenia les dues espelmes i les bufava amb un sentit litúrgic molt elevat perquè, tot i estar sol, després d'haver-les apagat, aplaudia com sempre havien fet a casa quan a qui li toqués bufava les espelmes del pas del temps enmig de flaixos de la màquina que immortalitzava el gest dins d'una foto que, després de ser examinada amb rapidesa i desinterès, quedava emmagatzemada a la capsa de sabates, d'on no havia de sortir mai més.

Mira el rellotge. El consulta perquè sí, perquè res no depèn del pas del temps; tot depèn de la trucada, tant se val que sigui ara com d'aquí a deu minuts o una hora. La trucada, si us plau, la trucada, i que s'acabi aquest infern de cada tardor, que això no és viure.

Com si el destí jugués amb una certa ironia, sona el timbre. Però és el de la porta. Ara sí que mira l'hora, estranyat. És evident que no espera ningú. Surt de la biblioteca mentre, instintivament, es corda el cinyell de la bata. No pot dir-se té, l'assassí, perquè qui truca encara no és un assassí, si és que ho ha de ser. Des de la biblioteca sentim una remor escarida de veus i un cop suau de porta. L'amo fa passar el nouvingut, un home que no sé com es diu, més jove, amb una gavardina plena de taques de pluja recent. Per educació, l'amo li demana la gavardina. El nouvingut se la treu i la sacseja sense cap mena de tacte. Algunes gotes moren a la catifa gruixuda que esmorteirà els gemecs sords del crim. Dóna la gavardina a l'amfitrió, que surt a penjar-la a qualsevol perxa. Quan torna, més aviat impacient, delerós tot i que ho dissimula molt bé, veu que el nouvingut està embadalit contemplant lloms de llibres. El visitant es tomba en sentir entrar l'amo i somriu.

–Mai no n'havia vist tants de junts –confessa.

Comentari estúpid que per desgràcia hem de sentir de tant en tant i que no mereix cap resposta de l'amo. En canvi, el que fa és seure, assenyalar vagament una altra butaca i dir vostè dirà.

–Ja sap per què vinc?

–No. Vaja... –Mira instintivament cap al telèfon, somriu amb timidesa, una mica desorientat, i conclou:– M'ho imagino, però... De fet, no. Jo esperava una trucada.

–No és el que m'han dit que fes.

–Així, vostè no ve per... O sí?

Silenci. Sembla que cap dels dos homes no tingui gens d'interès a moure peça. O que vulguin esperar que l'altre es decideixi primer. Es miren i no somriuen. Al final, el nouvingut s'acomoda a la butaca disposat a callar el temps que faci falta.

–No té res a veure amb Estocolm? –acaba fent, amb un fil de veu, l'amo.

–No. Que jo sàpiga.

–Què vol dir, que jo sàpiga?

–Que mai no se sap, que la vida és l'hòstia de complicada.

–Doncs vostè dirà.

–No, re... Doncs que només he vingut a matar-lo.

Calla i l'altre no replica. Tots els llibres callem. Noto que un veí meu s'esgarrifa. A la sala domina el silenci perquè cal una bella estona per assimilar la notícia.

–Ara?

No ha dit com, per què, qui, no, ni res de més previsible com ara socors, policia o auxili. Ha dit «ara?», amb una punta d'enuig a la veu, com si la cosa important de la notícia no fos el què sinó el quan. Com si la informació sinistra, en comptes d'atemorir-lo, només l'enutgés. He de reconèixer que l'amo aquí m'ha agradat.

–Sí, ara –respon l'home, que no sé com es diu i que deu ser l'assassí. Sembla estranyat per la reacció de l'amo de la biblioteca i de la casa.

L'amo rumia una mica. No vol fer-se el graciós, però no es pot estar de dir que arriba en un mal moment, que està esperant una trucada crucial i...

–No tinc gens de pressa –fa l'assassí.

La víctima s'aixeca. L'assassí no es belluga, però alça una cella, amatent. L'amo es treu la bata, com si no li agradés la possibilitat de morir-se amb una bata de tons granats. La deixa en el respatller d'una de les butaques buides i va cap al racó on hi ha un armariet. No en treu cap pistola sinó una ampolla de conyac i dues copes enormes.

–Em sap greu, però no tinc glaçons –diu amb molta ironia, que em fa l'efecte que el nouvingut no copsa.

–Detesto el gel –confessa l'assassí, que encara no ha abaixat la cella per si de cas.

L'amo sense bata deixa les copes damunt la taula baixa. Obre l'ampolla i aboca, amb delicadesa, una mica de beguda a cada copa. N'agafa una, la passa al seu assassí i pren l'altra copa amb tota la mà oberta, i bressola el líquid suaument mentre ensuma amb delicadesa.

–És armanyac –avisa, de sobte, per evitar conflictes abans que no es produeixin.

L'home que ja no duu gavardina agafa la seva copa i imita el gest de l'amfitrió. Gosa llepar, potser massa precipitadament, el líquid vermellós.

–Extraordinari –reconeix, admirat. I contempla en silenci com l'amo ha encès un llumí i escalfa el líquid a través del vidre. No fa cap comentari perquè no deu voler quedar com un ignorant. Escalfa el líquid amb la mà i ensuma el cim de la copa.

Ara, l'amo sense bata fa un glop d'armanyac. Bé. El líquid el reconforta per dins. Tot just ara torna a pensar en el telèfon. És massa, dues coses a la vegada. Fa veure que no està gens afectat i diu, sense mirar el seu hoste, que li agradaria saber per què l'altre l'ha de matar i, sobretot, de part de qui ve, si ell no té enemics.

–Per raons òbvies no li puc dir qui em paga.

–No tan òbvies –fa l'altre sense abandonar la copa–: Si sóc mort no podré fer servir la informació ni que em matin. –Somriu, per excusar-se del joc de paraules tan barat.

Silenci. Ni el telèfon no vol torbar tanta quietud. Els dos homes paladegen l'armanyac. Al final, com venint de lluny, l'home sense gavardina diu m'envia un tal Orestes Puig.

Davant la possibilitat, fins llavors impensable, que algú se'l volgués treure de sobre, qui tenia tots els números era en Puig. Però mai no s'ho hauria imaginat, l'amo sense bata.

–Li ha dit per què em vol veure mort?

–Sí. Per controlar tota l'empresa.

Glop de conyac. Deixa la copa a la tauleta, amb el capciró dels dits toca delicadament el telèfon com si volgués animar-lo a sonar i es dedica uns minuts a la pipa. En buida la cendra picant contra l'arma del crim i la carrega amb tabac nou de la capsa metàl·lica que és damunt la taula, al costat del cendrer. Si no fos octubre, de debò, s'hauria espantat. Però ara té altres coses al cap i tot plegat és més relatiu.

–Fumar escurça la vida –diu, una mica juganer, l'assassí.

A l'amo li ha fet gràcia l'acudit, però no ho vol demostrar. Prepara amb calma la pipa i l'encén. Per uns instants, desapareix rere el núvol d'aroma.

–Mentider dels pebrots –remuga mentre torna a agafar la copa i es posa bé a la butaca, la pipa en una mà, l'armanyac a l'altra.

–Perdoni?

–Si en Puig em vol mort... no és per controlar cap cony de collons d'empresa. I perdoni el vocabulari, però és que em sulfura.

–I vostè com ho sap?

–Perquè no tenim cap empresa. Ni ell ni jo. Li ha pres el número.

–Si vostè ho diu.

–Ho dic. –Li somriu per primer cop:– Se l'ha rifat.

–Però ha pagat trinco-trinco.

–Una cosa no treu l'altra.

–El client té dret a no dir-me el seu secret.

–Jo li explicaré el seu secret.

–No tinc ni les més remotes ganes de saber-lo. Faig la feina i punt.

–Tant me fa perquè l'hi penso dir, si no em mata abans. –Fa un glop:– L'Orestes Puig és el meu millor amic.

–Carai.

–Sí. –Mira endavant, cap als llibres, sense veure'ns, perquè al cap hi té l'Orestes Puig:– És un home dèbil –diu com a conclusió.

–I obscenament ric.

–No es pensi. –I sense amagar la ironia de la pregunta:– Ja l'hi ha pagat tot?

–Una part. La resta quan...

–És clar, però li vaticino que la part que encara li deu se la pintarà a l'oli.

L'assassí beu un altre glop.

–Pobre d'ell.

–Jo li puc avançar el doble del que li hagi ofert ell. –Se'l mira i torna a somriure:– Jo sí que sóc ric i pago al comptat.

–No em semblaria ètic, acceptar una oferta així.

–No em faci riure.

–No, no, ho dic de debò. Hi ha una ètica de la...

–Vostè és un cínic. –Ara l'ha tallat amb certa mala educació.

–Millor que calli perquè no li he demanat l'opinió sobre el meu client.

–El senyor Orestes Puig em vol matar perquè em té enveja.

–Se me'n refot.

–A mi, no. Si em mata, vull que reconegui que sempre m'ha admirat i m'ha valorat d'allò més. I com que les coses sempre m'han anat bé...

–Llevat d'avui, no?

–Cinquanta-set anys de sort –diu l'amo, una mica més calmat.

Xarrupen armanyac en silenci. L'amo mira cap al telèfon. No, era un esquellerinc de bicicleta al carrer. L'home que no duu gavardina s'hi ha fixat.

–Qui li ha de trucar?

–Em temo que no n'ha de fer res.

–Sóc l'amo de la seva vida i diu que no n'he de fer res? –Ara fa un glop ben conscient:– Au, vinga, no sigui ridícul.

–A més de cínic, tafaner.

–Qui li ha de trucar?

–L'Orestes Puig.

L'home de la gavardina quasi s'ennuega de la sorpresa. Però sembla que pensi que ho ha pogut mig dissimular.

–De debò? –diu, amb la veu presa pel pas de l'armanyac per la gola.

–Deu voler saber si vostè ha fet la seva feina.

–Em sembla del tot imprudent fer un truc en una casa on hi ha hagut un... una... una intervenció per part meva.

–És veritat, no se m'havia acudit.

–Des d'on li ha de trucar?

–Potser que miri de convèncer-lo que no faci el truc.

L'home que duia gavardina mira l'altre als ulls. Està pensant.

–Vostè menteix –diu.

–Com vulgui. Però jo espero la seva trucada. –Deixa la copa damunt la taula i es posa la pipa a la boca:– Ja l'havia advertit que l'Orestes Puig és una mica matusser.

Llavors sí. Llavors sí que sona el telèfon. Per fi. El telèfon. La trucada. Tots dos homes miren l'aparell, immòbils. L'amo que abans duia bata encara espera que soni una mica més, fa un gest com de demanar permís al seu assassí i despenja.

–Digui –fa, amb la veu lleugerament alterada.

–Sóc l'Orestes.

–Ja ho sé. Potser vols parlar amb una altra persona?

–Què? –Fa una pausa densa.– Estàs bé?

–De moment, sí.

–Doncs seu.

–Estic assegut.

–Estàs sol?

L'home que abans duia bata mira cap al seu assassí, que assisteix a la conversa amb un cert interès no gaire ben dissimulat.

–Sí. Per què?

–El Nobel és teu.

–Vaja.

–No saltes d'alegria?

–Sí –diu sense saltar d'alegria–. I tant.

–No ho diguis a ningú perquè encara trigaran un parell d'hores a fer-ho públic.

–Et pots haver equivocat?

–No.

L'amo pensa amb rapidesa. Se li acut que si l'Orestes Puig el vol eliminar potser ara també li està mentint.

–Per què m'ho fas?

Ho diu sense posar-hi cap mena de deix de por. Si de cas, de retret.

–Per què et faig què?

Silenci. Per què li havia de mentir, en Puig? L'amo reflexiona una llarga estona. Fins i tot es permet un glop d'armanyac. La veu de l'Orestes Puig es torna a sentir, impacient:

–Saps què? Ara vinc.

–Ja ho sabia.

L'amo penja el telèfon i mira el seu assassí als ulls.

–Ara ja em puc morir –declara. I immediatament afegeix:– Que consti que només és una frase feta. M'acaben de concedir el Premi Nobel i m'agradaria poder fruir-lo, assaborir-lo una mica. Com si diguéssim, m'han tornat les ganes de viure.

–El Nobel de què?

L'amo es mira l'assassí amb cara d'ofès, de molt ofès. Triga moltíssim a contestar.

–No sap ni qui sóc –escup amb menyspreu–. M'ha de matar i no sap ni qui sóc.

L'altre ho reconeix amb un gest de les dues mans. L'amo continua, fent un esforç per contenir la ràbia:

–Ja en sentirà a parlar quan m'hagi liquidat. Li puc assegurar que els diaris n'aniran plens.

–Veu? M'ha de creure si li dic que em sap greu que ens hàgim hagut de conèixer en aquestes circumstàncies.

Tots dos xarrupen l'armanyac.

–Els diners del Nobel per la meva vida. És un bon tracte.

–Ja li he dit que sóc un professional íntegre.

El sicari deixa la copa a la tauleta i en to solemnial prossegueix:

–I que consti que me n'alegro, per això del premi. –Mira l'altre als ulls:– No li vull dir per molts anys perquè no m'agraden les bromes fàcils, però el felicito de tot cor.

Es fica la mà a la butxaca de l'americana. No té temps de treure's la pistola o el que sigui perquè el cendrer ha volat contra el seu front. L'home sense gavardina cau cap enrere, amb la mà encara a la butxaca de l'infern de l'americana. No pot afegir res, ni un comentari sarcàstic ni una broma fàcil de les que no li agraden. L'amo sense bata s'ha aixecat i va cap al sofà. Recull el cendrer de terra i l'examina: tot i l'impacte, no té cap marca: realment és un cendrer sòlid. La Maria sabia el que es feia quan l'hi va regalar feia cinc o sis aniversaris. Un cendrer ben fort i ben robust, li havia dit, perquè no s'escrostoni amb els teus copets de pipa tan emprenyadors. El pobre assassí no reacciona. La taca que se li fa al front és lletgíssima, i l'amo s'admira de la seva punteria, ell que mai no... És el pànic, que l'ha fet reaccionar d'aquella manera; l'instint de supervivència. És el Nobel. Mira al voltant, sense veure els llibres de les parets, sense veure'ns, sense veure res. Està una mica neguitós. No, molt neguitós. Però li fa cosa tocar aquell cadàver. Encara té el cendrer salvador a les mans. Fa un petit gemec perquè acaba de sonar el timbre de la porta.

Desapareix i torna al cap d'uns segons. Fa entrar l'Orestes Puig a la biblioteca. De moment, tots dos somriuen. L'Orestes Puig l'abraça, satisfet. Però llavors, per damunt de l'espatlla de l'altre, veu el cadàver de l'assassí i el somriure se li transforma en una altra cosa. Estranyesa?, perplexitat?, pànic?... El flamant premi Nobel invita a seure amb un gest l'Orestes Puig al sofà, davant de l'assassí frustrat. Però el nouvingut ni s'hi ha fixat, perquè, a peu dret, observa el sicari mort.

–Què passa, aquí? –diu, al cap de molt, el llogador d'assassins.

–Que no t'ha sortit bé la cosa.

El premi Nobel parla amb el cendrer a la mà. Fa estona que la pipa està apagada i freda damunt la taula, com un cadàver. Explica al seu representant que sap que l'únic que el pot haver mogut a fer una cosa així és l'enveja; que l'ha decebut, que s'havia cregut que eren un equip i que era lògic que fos ell –i s'assenyala enèrgicament el pit– qui s'endugués els honors, però que els beneficis...

–Em pots explicar de què cony em parles? –fa l'Orestes Puig.

–No em diguis que no coneixes aquest home...

L'Orestes Puig s'hi acosta, pàl·lid, a punt de desmaiar-se. Li examina la ferida.

–Està estabornit? –fa, desesperadament esperançat, sense tombar-se.

–Suposo que és mort. Vaja, ho espero i ho desitjo de tot cor.

–Però com s'ho ha fet? –Ho diu per la taca tan lletja del front.

–Ha topat contra el cendrer.

–Però si en... –Mira el flamant premi Nobel, esgarrifat:– Què collons ha passat? Què reputes has fet?

L'Orestes Puig s'adona de la posició de la mà dreta de l'assassí mort i li aixeca l'americana per veure què buscava aquesta mà. L'amo, en veure que l'Orestes Puig intenta recuperar la pistola del seu sicari, li pega un cop fortíssim al clatell amb el cendrer. L'Orestes Puig cau damunt del sicari, com si el volgués escanyar pel pèssim compliment del seu encàrrec. El premi Nobel pega encara un cop, un altre i un altre cop de cendrer al clatell de l'Orestes Puig mentre li diu, ple de ràbia, per envejós, la puta enveja que se't menjava viu, que no em volies deixar fruir de?, eh?, i amb cada cop converteix l'arma que fins ara era de l'homicidi en la veritable arma d'un assassinat amb acarnissament. Llavors, tacada de sang i pell, la deixa damunt de la taula, al lloc que tenia predestinat, al costat de la pipa. S'asseu i fa un glop del seu armanyac. El Premi Nobel. Per fi. Després de tants anys d'esforços, després d'haver viscut molt malament les tres últimes convocatòries en les quals es deia que tenia moltes, però que moltes possibilitats; després d'haver dit a tothom que no estava disposat a patir més aquell infern que suposava cada mes d'octubre per a ell, per fi li havien concedit el Premi Nobel. Passaria a la història. La seva obra passaria a la història; i aquells desgraciats envejosos i cobejosos volien que no ho festegés ni un sol dia?

Llavors, el premi Nobel mira els dos morts amb menyspreu. No entén, per més esforços que fa, la mala voluntat de l'Orestes Puig. Darrerament tots dos estaven prou nerviosos, d'acord, com passava cada octubre; però d'aquí a pensar que... Déu meu! Deixa la copa damunt de la taula i pensa en veu alta que hauria d'avisar la policia. Però en aquell moment, casualment, la policia truca a la porta i el premi Nobel s'alça d'un bot, disposat a explicar com han anat les coses. Per un sentit estètic explicable, amaga en un racó la bata que més tard s'endurà al psiquiàtric. Torna a la biblioteca al cap d'uns segons, no pas amb cap agent de la policia sinó acompanyat de la Maria, que l'abraça dient-li felicitats, per molts anys, tu t'ho mereixes, estimat, i alerta que hi ha uns bandarres que et volen fer una ui, què és aquesta taca de la camisa? Llavors la Maria mira cap al sofà.

–Què fan, aquest parell?

S'hi acosta. Veu que el del damunt és l'Orestes Puig i el de sota en Marc Vidal, l'actor, i diu què els passa? Ja s'han emborratxat? Que no és sang, això?

Sotja el premi Nobel, esverada. L'interroga amb la mirada.

–Re... que em volien matar –contesta el futur suïcida amb aquella fredor de qui encara no ha baixat del núvol.

El telèfon sona com si volgués afegir-se a la conversa, i el premi Nobel, unes quantes setmanes abans de saltar per una finestra de la clínica, el despenja mentre, fent-se l'atabalat, diu és que no paren.

Són els de la televisió, que es veu que un ocellet els ha dit que... Sí, sí, ja ho sabem que encara no es pot fer córrer, però és que en fi, i que volen ser els primers a difondre la notícia a tot el món. Que ara venim, si no hi té inconvenient.

L'amo que ja no duu la bata penja el telèfon, satisfet. Observa com la Maria aixeca l'americana de l'home que abans duia gavardina.

–És millor que no ho intentis –fa l'amo agafant el cendrer.

La Maria es tomba amb una placa platejada a les mans on ell pot llegir el seu nom i un per fi!, ben gros, i les signatures dels seus amics, sense cap data i...

En haver-la llegit, l'amo de la bata de color granat deixa caure l'arma a terra. De manera inexplicable, el cendrer es trenca en dos trossos, com si considerés que ja ha acomplert la feina per a la qual el van crear.

–M'expliques què ha passat?

–Em volien matar. Tots dos.

–Però... A veure: en Marc Vidal? L'Orestes? Et volien matar?

–L'Orestes ho ha muntat tot. Puta enveja. I aquest altre no sé qui és.

La Maria pensa que pot ser que ara tots tres homes li estiguin fent la broma a ella. S'acosta als dos morts i els observa. Els veu molt reals. Mira l'amo, que ha recollit els dos fragments del cendrer i els ha deixat suaument damunt la taula i després s'asseu. Aleshores sona el timbre i tots dos s'espanten però no es mouen d'on són.

–Té! Deuen ser els de la televisió –diu ell mentre escura les gotes d'armanyac que encara queden a la copa. Amb un sospir de cansament, s'alça per fi, a poc a poc, com si li fes mandra, i surt de la biblioteca dient ja va, home, ja va, pesats.

Els llibres estem avesats a endevinar les coses perquè en les nostres pàgines hi ha escrit el passat, el present i el desenllaç de totes les vides, i sabem llegir les històries que viuen les persones. Per això també sé que la Maria no tindrà esma per bellugar-se i sé que al replà de l'entrada tres equips de televisió estan delerosos per entrar els primers a la casa. Sempre m'ha impressionat la incapacitat dels humans per veure les línies del seu destí, les vides que van tramant el seu camí i el punt final de cada història, que ja està escrit en alguna banda.

La Maria mira cap on sóc, sense fixar-se en el meu llom d'un verd desdibuixat per tants anys de tocar-me el sol quan les cortines estan descorregudes. Remena el cap, desolada. Sentim com el flamant premi Nobel obre la porta. La Maria pensa que és tan real, tot. Per si de cas, es desmaia i em deixa tot sol per fer de testimoni.

PANDORA

1

–Comprenc com se sent. Voldria que fos morta, oi?

–Sí. No li vull cap mal, però em faria un favor si fos morta, sí.

Van callar. L'home sec va agafar una ametlla torrada i la va mastegar a consciència, com si fos la cosa més important del món. Es va repenjar còmodament a la cadira, es posà les ulleres de sol, que li ocultaven l'ànima, va mirar discretament al voltant i va dir, com qui parla de la tamborinada que està a punt de caure:

–Això es pot arreglar.

Un calfred va estremir l'espinada d'en Carles. O sigui que era cert.

–Perdó? –va dir mentre es posava a suar.

–Que tot el que es pugui resoldre amb diners és que té solució. No ho veu així?

–No l'entenc.

–Sí que m'entén. –L'home sec va agafar una altra ametlla. Va somriure i esperà, amb tota la paciència del món que l'altre confessés que sí, que l'entenia perfectament, que quant li costaria. Però no acabava d'arrencar. Per ajudar-lo, va parlar amb suavitat, en un to gairebé pedagògic:– Hi ha una persona que li posa entrebancs al cor i a la butxaca, i a més no li fa cas quan li diu que s'aparti.

–Sí, exactament és així, però...

L'home sec es va aixecar, va assenyalar-lo amicalment:

–Si bada gaire, entomarà un xàfec de cal déu.

Abans d'anar-se'n li va dir que, si ho volia, ja sabia on trobar-lo, va acaparar les tres últimes ametlles i va desaparèixer de la terrassa. En Carles no gosà tombar-se per mirar cap on anava perquè estava atordit. Va agafar la gerra i va fer un glop. La cervesa s'havia tornat, de sobte, més amarga que mai. No es va adonar que la terrassa s'anava buidant amb certa precipitació ni va fer cas de l'advertiment educat del cambrer. Pensava en la Fran i si seria capaç de ser tan valent. Llavors li venia al cap el rostre dolç de la Claire i semblava que sí, que per la Claire era capaç de qualsevol disbarat, o quasi. I tenia por perquè no pot ser que a la vida se't presentin alternatives tan bèsties. Hauria de ser prohibit pels déus. Quan va tornar a tastar la cervesa i la va trobar aigualida, es va adonar de sobte que, efectivament, havia entomat tot el xàfec de cal déu.

La camisa estesa, els pantalons vora la finestra, la tovallola fregant enèrgicament els cabells, les sabates fetes un desastre, va maleir el dia que havia consultat en Tino, que feia temps li havia dit que hi ha gent especialitzada a solucionar qualsevol tipus de problema.

Un cop sec, es va ruixar els cabells amb colònia, es va posar una camisa eixuta, per donar-se forces va mirar la foto de la Claire que tenia a la cartera, desistí de fer la trucada des del telèfon de l'habitació o des del mòbil i baixà a Ordino, a la cabina que hi havia davant del Banc de Crèdit. Estengué el paper rebregat i moll davant seu i marcà el número. Com si l'estigués esperant, l'home sec de les ametlles va dir digues, en to de no haver interromput la conversa del matí.

–Per què no en parlem una mica? Sense compromís.

Després d'un silenci espès, en Carles va sospirar i va dir el que menys li importava:

–Són molts calés.

–No fem rebaixes, no discutim cap preu, valorem minuciosament els riscos per a nosaltres i per al client, i un cop fet el tracte i lliurat el pagament no ens fem enrere malgrat que ens sorgeixin entrebancs no previstos pel client; ho assumim sense problemes perquè som veritables professionals. L'estudi del pacient i els primers contactes amb ell són competència exclusiva nostra, per raons d'estricta seguretat. Cent per cent d'encerts, cent per cent de seguretat postoperatòria.

Provi de trobar algú que ho iguali amb un preu més assequible.

L'home sec, després del panegíric, va incorporar-se i mirà cap a la taula, com si esperés veure-hi un platet amb ametlles. En Carles, amb els ulls tancats, meditava. Les condicions eren dures; la garantia, total; el tracte, seriós i exquisit, i cadascú que s'apanyi amb la seva consciència. Aquest era el resum.

–El cas és que m'ho hauria de rumiar.

–Aquesta nit me'n vaig d'Andorra. Motius de seguretat.

–Que es pensa que jo...

–Em sembla recordar que en algun altre moment ja li he dit que no penso res –el va interrompre l'home sec–. Però d'aquí a quatre hores seré lluny d'aquí, valorant una altra oferta i establint noves prioritats en la cartera de clients.

–No em pressioni. Necessito més temps per rumiar-m'ho.

–Les coses són com són. –Va mirar el rellotge amb aire absent i llavors el fità als ulls:– Si no tenim cap resposta d'aquí a una hora, desfem el tracte, ens separem i mai no hem parlat de res que tingui a veure amb la seva sòcia. De fet, ni ens coneixem.

–En una hora jo no puc decidir una cosa així!

–Provi-ho.

2

Si la mirava fredament, havia de reconèixer que era una dona bonica. Però no podia deslligar aquells trets de la seva odiosa actuació en els darrers temps. Ara s'asseia, ajudada pel cambrer, i ell, que s'havia aixecat sense ganes, només perquè la gent del voltant no es fixés gaire en ells, també va seure, molt seriosament, amb els ulls abaixats. Va esperar que ella parlés. Però ella es va entretenir amb la carta i preguntant bestieses al cambrer, com si li fes por que els deixés sols. Va encomanar per a ella sense preocupar-se de si ell havia demanat o no. Típic de la Fran. Quan el cambrer el va mirar, ell va contestar que volia el mateix que la senyora i va esperar impacientment que toqués el dos.

–Per què em volies veure?

Encara no l'havia mirada als ulls. Ara ho va fer mentre esperava la resposta. La mirada d'ella li va fer mal a les ninetes. Les va foradar perquè tenia aquest poder, li va traspassar el cervell i va entrar a llegir els seus pensaments, i ell es va veure perdut perquè la Fran li endevinava el contacte amb l'home de les ametlles torrades, la decisió de tiri-ho endavant, el cent per cent de l'import abans de la intervenció i garantia absoluta que res no l'esquitxaria perquè no és que semblaria un accident sinó que ho seria. I ara ella, amb aquella facilitat mortal, li estava traient el pensament a cullerades, i ell pensava perdona, Fran, jo no ho volia fer, de debò, no saps la llosa que tinc damunt del pit ara que sé que t'han de matar, però és que és així, t'ho has guanyat a pols. Sí, a pols, i a pesar d'això, quan signava la conformitat al banc per treure els diners, el soroll de la ploma sobre l'imprès li va semblar el que fa la ploma dels reis quan confirmen l'execució d'un reu. En Carles va esperar que ella digués assassí, ara mateix et denuncio i no t'escapes de la ignomínia pública ni de la presó. Però en comptes d'això va dir encara fas marranades amb aquella puta?

–Tu sempre tan delicada.

La Fran va passar-li una carpeta de color groc per damunt de la taula. Ell la va obrir sabent que hi trobaria qualsevol foto d'ell i la Claire, en qualsevol llit d'hotel de l'Arieja o el Llenguadoc, estimant-se d'amagat de la gent, lluny de les bromes dels companys però no prou lluny dels ulls de fura de la Fran; que bonica, la Claire, nua, acaronant-li el pit, estimant-lo com mai no ho havia fet cap dona. Però la foto no era de cap nit d'ell i la Claire sinó d'aquell dia que havia acceptat d'anar a Montpeller a portar una maleta a un individu que pagava molt bé si no feies cap pregunta. En Carles, per damunt de la foto, va mirar la Fran. Ella va fer un somriure angelical i es va inclinar cap endavant, com si volgués dir-li una confidència:

–Et tinc agafat pels collons.

–No sé ni què transportava.

–Jo, sí.

–Em vols fer xantatge?

–No.

Ella va fer veure que mirava el ram de flors immens que hi havia al costat del mirall del racó del restaurant.

–Doncs per què m'has citat aquí?

–Estic disposada a parlar del divorci –va anunciar–. I estic disposada a repartir totes les accions i també el valor dels dos pisos i la casa.

Dos anys i tres mesos esperant sentir aquelles beneïdes paraules que arribaven precisament ara.

–A la casa, hi renuncio.

–No. Repartida.

Tanta generositat era impossible. Alguna cosa no funcionava. O és que per fi s'havia convertit en persona? Massa anys de convivència perquè ara se'n refiés gaire de pressa:

–Per què m'ensenyes la foto, doncs?

–No, re: per advertir-te que si jugues brut, ho sé tot, de tu...

Tot? Saps que he parlat amb un home sec que menja ametlles? Que t'estan seguint dia i nit per...

–... però només hi poso una condició.

Ell va tancar el dossier i l'hi va tornar sense ni dignar-se a estripar la foto. Esperava que ella dictés la condició. Seria una cosa impossible d'acceptar i tot quedaria com abans, però ara el dolent seria ell.

–M'has de deixar fer un vol per damunt d'Andorra.

–Només això?

–Ahà.

Silenci. Feia estona que no es miraven als ulls. On era, la trampa?

–Només això? –va insistir en Carles.

–D'acord: retiro l'oferta.

–No: espera. –Va imaginar-se, només per sobre, el tracte que ella li havia acabat d'oferir. Però on era, la trampa?

Ella ara el va mirar als ulls i mentre dissimulava un somriure li va dir t'he deixat descol·locat, oi? I si no acceptes aquesta condició tan simple, s'ha acabat el dinar i continuem com abans.

–Molt bé. Demanaré el permís.

–Sense permisos. Improvisat. No oficial. M'entens?

–Ja saps que no ho puc fer.

–Vaja... Fa uns dies vas treure a pasturar la puteta i no vas demanar cap permís.

Si ella el vigilava d'aquella manera és que ho podia saber tot. Fins i tot les seves converses amb l'home sec.

–Un vol i ja està?

–Amb una altra persona. I tu faràs veure que no ets el meu ex. Ets un pilot llogat per mi i prou.

Ara ho entenia tot. Va fer un esforç per imaginar-se el paio, però no se'n va sortir.

–Sí o no? –va fer la Fran mentre es desava el sobre amb la foto a la bossa, com si estigués a punt de marxar.

En Carles estava admirat: la Fran, encara que semblés impossible, s'havia enamorat. Quin descans, Déu meu!

–Miraré de solucionar-ho.

–No. Soluciona-ho. O em desdic de tot.

El dia que havia comunicat a la Fran que ell tenia ganes d'enamorar-se i il·lusionar-se, que prou, que plegava, que no resistia més una relació tan freda, tan distant, tan no sé per què vivim junts, ella l'havia mirat amb els ulls de gel i li havia dit ni t'ho pensis: junts fins a la mort. A més, ja fas el que vols, et passes el dia arriscant-te la vida, et creus l'heroi de la pel·lícula, et relaciones amb fotògrafs malparits i escaladors amb els ossos trencats, guanyes molts cèntims i vivim de conya. Què més vols?

Llavors havien començat els problemes. Llavors havia començat a veure la Fran com una enemiga de debò perquè ella havia ocupat el lloc d'enemiga, no fent i no deixant fer, i a ell li va entrar l'obsessió al cap de tal manera que a la feina els companys li van començar a fer broma i deien que era Charly el trist i un dia tindràs un accident perquè et distrauràs més del compte, i llavors va ser quan en Tino li va dir no sé què tens ni què et passa però jo conec una gent que soluciona tots els problemes del món i li va donar un número indirecte de contacte, i ell, imbècil del món, hòstia, hi va trucar i ara per més que tornava a marcar aquest número no li contestaven ni per mal de morir i va entendre que era un telèfon abandonat per raons de seguretat i com collons m'ho faig per contactar amb el tio de les ametlles i dir-li ei, no cal, ja s'ha solucionat tot, no cal fer res, la pacient ja no és un destorb, no vull córrer riscos innecessaris, m'entén?

Com que havien d'anar a l'heliport de Tírvia a recollir un infartat i portar-lo a l'hospital de les Escaldes, un cop es van haver enlairat, va tancar la connexió amb el Centre, es va treure els cascos, i en Tino, espantat, va dir què collons fas?, i ell li va fer senyal que es tragués el casc també i llavors li va cridar m'hauries de tornar a donar el telèfon d'aquell que soluciona problemes. L'altre li va fer okey i van enfilar cap a Tírvia, en Carles més tranquil. Ja de tornada, acabat el servei, al bar del Gonsalves, el malparit d'en Tino li va donar el mateix maleït cony de número de telèfon i ell va dir no, Tino, aquest no: hi he trucat vuitanta vegades i no.

–Però què et passa? Estàs molt...

–No. És que... En fi, que m'hi vull posar en contacte.

–Doncs jo només tinc aquest número.

La mare que va parir en Tino i el paio de les ametlles. I com ho faig ara, eh? Eh? Com ho faig? Em poso a cridar ei, no mateu la Fran, que ja no fa falta i m'estalviareu un mort a la meva consciència, que té massa memòria? Va començar a suar perquè, a més, el cent per cent de seguretat no el té ni Déu. O només Déu, però el paio de les ametlles pot fallar i deixar un mal rastre; sempre hi ha una primera vegada.

3

Va ser una passejada estúpida, inexplicable. La Fran, molt guapa, asseguda al davant, amb ell, com als vells temps, i el borinot imbècil (un paio amb aire de dur, que parlava un francès inintel·ligible i titatendra de l'Étoile, que lluïa una cueta ridícula al clatell i que havia arribat amb un Mercedes platejat) al darrere, callat, i ell esperava que marejat com una sopa. Quan eren damunt de Sant Miquel d'Engolasters, la Fran, entusiasmada, cridava per damunt de l'espatlla mira aquelles vaques, chéri, i en Carles ho trobava extremadament ridícul, es concentrava en el vol i feia com si un cop de vent els hagués sacsejat l'aparell per poder tenir el plaer de veure el chéri vomitant. Però el paio era dur i va resistir, i, quan van tornar a Base Beta, ell va acompanyar-los a prendre un cafè, que seria l'última cosa que pensava fer amb la pobra puta condemnada de la Fran, i llavors, aprofitant l'únic moment que el chéri els va deixar sols, potser per anar a canviar la pesseta sense testimonis, ell, pels vells temps, li va dir vés amb compte, Fran.

–Què vols dir?

–Que vigilis. Que no prenguis mal.

–Per què n'he de prendre?

–No, és que...

No. No li podia dir segons què. Ni podia dir-li que no hi havia manera humana de tornar a connectar amb uns assassins a sou que un dia o altre, ben aviat, la..., bé, la...

–Digues, què vols dir amb això de prendre mal? –Amb una mirada dura:– Que no em convé aquest home? Eh? És això?

En aquell moment, el chéri tornava dels lavabos i ell va fer un gest de tant se val, em sap greu, no hi puc fer més i, abans que ni ella ni el manso poguessin reaccionar, la va besar a la boca i es van acomiadar per sempre més d'una manera molt freda, que era l'única possible.

Els va veure partir amb el Mercedes silenciós, ulleres fosques, elegants com uns déus vius, cap al Pas de la Casa, camí de França, i va pensar que era un covard per haver callat.

4

Va ser el mateix Tino, amb veu de circumstàncies, que li va dir per ràdio que anés a l'hospital, Charly, que es veu que... Bé, que...

Sense saber-ho, ja ho sabia, i només es va sorprendre que hagués anat tan de pressa aquell accident que no havia de semblar un assassinat, aquell crim inútil perquè ja no feia falta matar la Fran.

–La Fran –va dir la veu apagada d'en Tino– sembla que... vaja, que sembla que ha estat assassinada.

–Però què dius?

Angúnia. Cent per cent de seguretat postoperatòria, malxinats, per què m'he ficat en això, Déu, i què faig jo, ara. El va despertar la veu d'en Tino:

–Ella i el paio que feia de xofer.

–Però per què dius que...

–Algú ha volgut simular un accident. Molt matusser. Et vinc a buscar. On ets?

–A Montgarri. Ja he acabat. Vinc de seguida. Ets a Base Beta?

–Charly...

–Sí?

–Em sap molt de greu.

–Gràcies, Tino. Vinc a tota merda.

Tot per culpa teva, Tino, per haver-me donat el número de telèfon que mai no m'havies d'haver donat ni t'havia d'haver demanat.

No va pensar en la Claire, no va pensar que allò ho havia ideat perquè els canviés la vida de dalt a baix. Estava massa trasbalsat per la por. Fins i tot quan l'aparell agafava altura va pensar a fugir al final del món perquè no trigarien ni vint-i-quatre hores a lligar caps.

Quan sobrevolava la Borda de Perosa va veure, ara amb indiferència, un bon ramat de corders pasturant escampats, aliens a les tragèdies celestials. I el pastor que alçava el cap fent visera amb la mà. Llavors va fer fer una espiral ascendent a l'aparell per passar amb garanties per damunt del Port d'Aulà, i això el va animar perquè li servia per demostrar-se que encara que sentia pànic pel que vindria, sempre era millor estar viu, amb por i amb mala consciència, que no pas mort en un assassinat matusser que havia de semblar un accident. I llavors, amb el sacseig de l'aparell, el pèndol, que s'havia encallat ocult sota el seient del darrere, per fi va quedar lliure, activà el mecanisme i va fer el contacte desitjat des de feia dos dies pels déus morts d'ulleres fosques i tot l'helicòpter va fer un bum majestuós i es va transformar, als ulls de les ovelles i del pastor espaordit, en el carro d'Elies, com una bola de foc immensa, tràgica, bella i tot. I quan la bola de foc ja era un munt de ferralla fumejant, es va precipitar contra la pleta de Perosa, al costat d'un humil monument recordatori, com si es delís per posar-se també a pasturar amb les ovelles. Quan va tornar el silenci, a l'esgarrifat pastor li va semblar sentir una veu rogallosa i plena de molsa que sortia de terra i que deia cagon seula, què cony reputes és aguet siroll? Ja tornen a donar-nos pel sac amb les collons de fotos!...

CLAUDI

–M'has sentit, Claudi?

–Què?

–M'has sentit?

–Sí.

–Què t'he dit.

Ell va aixecar el cap del llibre que llegia i la va mirar en silenci.

–Què t'he dit? –Impacient, dreta a la porta de l'estudi.

–No ho sé.

Ella va respirar fondo, per acumular paciència.

–Surto.

–D'acord.

–T'hauràs de fer el dinar.

–Molt bé.

–T'he deixat els cigrons davant del microones.

–No sé fer anar aquest trasto.

–Doncs et deixo un cassó preparat. D'acord?

–Molt bé. Quan tornes?

–No ho sé.

–D'acord.

–No em preguntes on vaig.

–On vas.

–Deixem-ho estar. Cigrons, cassó, cuina. Et situes?

–Sí, gràcies.

Va sentir les passes de la dona, la fressa de la cuina i la seva presència un altre cop a l'estudi. Alçà el cap. Ella l'observava com si en valorés el preu.

–Si has de sortir, canvia't de camisa.

–No he de sortir.

–M'has sentit? Canvia't de camisa si surts.

–Què té de dolent?

–És horrorosa.

–No he de sortir –va insistir ell, en defensa pròpia.

Però les passes de la dona ja s'allunyaven corredor enllà. Encara va sentir el grinyol que feia la porta del pis en obrir-se i com la dona tancava amb un cop de porta resignat.

En Claudi ja feia estona que tornava a ser dins del llibre, acompanyat pel silenci del pis. Al cap d'una hora ben llarga, va alçar el cap: tenia gana.

–Hermínia?

Ningú no li va contestar. Aleshores recordà vagament... No: no sabia ben bé què li havia dit. Es va aixecar i sortí de l'estudi.

–Hermínia?

En passar per davant de la cuina hi ficà el cap. Va veure el cassó i els cigrons i ho va recordar tot.

Abocà els cigrons al cassó i el posà a foc lent. Sortí de la cuina. A la sala, s'assegué en una butaca i mirà atentament aquella pintura que l'obsedia des de feia alguns mesos. Des que s'havia desdinerat comprant-la contra el parer de l'Hermínia, que sostenia que era una burla que l'únic personatge del quadre estigués d'esquena. Sí: era una dona d'esquena, caminant. Però quasi se li endevinava el perfil del rostre, i això la feia més atractiva. Feia de bon mirar, i això que la vestimenta folgada de pagesa no ensenyava els contorns del seu cos. Tenia ganes de veure-li el rostre sencer. On anava, tan decidida? Cap a l'horitzó que...

S'aixecà i s'acostà a l'oli. Per primer cop, i ja feia mesos que havien adquirit aquell quadre, es va adonar que cap allà on caminava la dona refulgia alguna cosa, amb una vivor que semblava que...

–Ai carai –va dir tot i que no hi havia ningú per sentir-lo. S'acostà més al quadre, a aquella lluïssor. I, de reüll, mirà cap a la pagesa, com si de tan a la vora l'hagués avançada i tombant-se discretament ja li pogués veure el rostre sencer. I l'hi va veure. Il·luminat, resplendent.

–Bon dia –va fer amb la mirada engrescada–. Cap on aneu?

–Cap allà. Cap a la llum. I vós?

–No... Només us volia veure la cara.

La pagesa s'aturà i amb un posat una mica desenfadat, les mans als malucs, esclatà en una rialla franca:

–Doncs ja me la veieu. D'on veniu?

–No ho sé ben bé. Us puc acompanyar?

–I tant.

–Oh, quina olor més agradable!

–Ho diu pels fems?

–Oh, que en feia, de temps, que no..., eh?

Ell ja sabia que s'havia enamorat irremissiblement d'aquella dona. Mirà enrere, amb una certa aprensió, però només va veure el que devien ser els afores del poble d'aquella dona que trobava inexplicablement atractiva. Ell no era un home jove, però es va sentir ple de forces, d'energia, de ganes de ser feliç, de ganes de mirar el sol que eixia per llevant, i va dir a la pagesa si em dónes la mà t'acompanyo a veure aquest sol que surt per... Com es diu, aquell pujol?

–Puig dels Ases.

–Puig dels Ases. Quin nom més bonic!

–Només és el seu nom. I vós com us dieu?

El professor li va estrènyer la mà. El tros primer de camí se'l sabia de memòria perquè l'havia observat molt de temps al menjador de casa. Però començaven a trepitjar una part ja més desconeguda, més il·luminada pel sol ixent...

–Quina olor, Déu meu senyor!

A banda i banda del camí els camps eren rostolls frescos.

–Sí, la rosada.

–Oh, la rosada... –va fer el professor aspirant a plens pulmons. I es va imaginar que tenia vuit anys i gambava pels corriols de Sau. Es tombà cap a la dona:– T'estimo –li va dir.

Ella, sense deixar-li anar la mà, se'l va mirar als ulls i va esclatar en una rialla que a ell li va recordar la fressa d'un rierol. En Claudi va percebre ara l'olor fresca del sègol i del blat segats de feia poc i apilats en garberes.

Mirà enrere, cap a ponent, amb un vague sentiment de culpabilitat. Només es veia el poble de la pagesa, com feia una estona, com si no s'haguessin bellugat mai tot i que la llum de llevant cada volta era més viva.

En Claudi i la pagesa riallera no van trigar gaire a arribar fins al Puig dels Ases. El sol ja era més amunt, havia perdut la grogor de l'aurora, i ja feia mal mirar-lo als ulls. Tot, al voltant, era diàfan. I les aromes del blat tallat arribaven fins al cim del turó. I allà baix, més piles de garbes formant garberes...

–Encara segueu així? –Va assenyalar una de les garberes que era a la vora del camí.

–I com ho voleu fer?

Es va estimar més no entrar en els detalls. I com que el que estava vivint era impossible, va agafar les mans de la pagesa i li va demanar com es deia. Ella va somriure i li assenyalà la butxaca de la camisa:

–Què és, això?

Ell abaixà el cap. El bolígraf. El va agafar i l'hi va posar a les mans:

–El vols? És de plata.

L'hi va deixar a la mà.

–Per a què serveix?

–Per escriure. –Una mica empegueït:– Saps escriure?

–Ui, no!

Ella li va retornar el bolígraf, desinteressada:

–Que no s'escriu amb un llapis?

Ell es va fixar en les mans de la noia: mans fortes, treballades, quasi mans d'home.

Van tornar pel mateix camí.

–Com es diu, el poble?

Ella va fer una riallada musical com a resposta.

–Va, com es diu?

–Com voleu que es digui? És que pregunteu cada cosa!...

I va callar; a mesura que s'acostaven al poble ell notava una mena de resistència que li impedia caminar amb comoditat. I aquesta dificultat anava augmentant a cada gambada.

–Què us passa?

–No ho sé ben bé. Agafa'm...

–Ja no em tracteu de vós?

–Com et dius?

Però en el moment que la noia obria la boca, en Claudi va sentir com si tot ell fos absorbit per una energia que no sabia com definir. Encara va poder veure com la pagesa movia la boca, potser dient-li el seu nom; però no la va poder sentir. I llavors es va pegar una patacada contra terra, i tot era a les fosques, com si s'hagués tornat cec de sobte.

Era en un espai tancat, amb una olor que li sonava

però que no podia precisar. Es va aixecar, amb el cul adolorit. Les seves passes van ressonar, com si fos en algun lloc buit. Al cap d'un parell de minuts els ulls se li van acostumar a la foscor. Hi havia una llum imprecisa que venia de no sabia on. Va fer algunes passes més, que van ressonar a l'estança. Va arribar a una obertura, com una porta que donava... Ara, en reconèixer els llums de socors encesos, ho va començar a entendre. Aquests llums projectaven la il·luminació mínima de la sala on era, i ell que venia de l'enlluernament del sol que sortia pel Puig dels Ases havia quedat encegat uns instants. Una sala amb llums de socors, com si fos un teatre... Com si... No: hi havia coses a les parets. Quadres. Un museu. Va tornar sobre els seus passos fins al lloc on havia caigut. Ara, amb dificultat, va reconèixer el quadre: *La paysanne*, de Millet. El seu quadre; i la seva pagesa quasi d'esquena. Era en un museu. En un museu? Era en una sala sense cap altra sortida que la que comunicava amb dues sales més que donaven a un passadís ample. A l'entrada del passadís hi havia un rètol que no va poder llegir per falta de llum.

Va vagar per les altres sales; no acabava de saber en quin museu era. Tampoc no podia examinar les obres per mirar de relacionar-les amb alguna institució que conegués. O bé sí: per les obres, podia ser el Museu Municipal de Pintura; però la poca llum amb què ho observava el desmentia perquè tot estava arregladet i ben pintat, sense els cortinatges que només servien per cridar la pols. Accelerà el pas i llavors va ser conscient que les seves passes ressonaven de manera escandalosa. No sabia què havia de fer, però instintivament va decidir que no tenia ganes de donar-se a conèixer fins que no tingués més clar què havia passat. A més, *La paysanne* no era al Museu Municipal de Pintura sinó a casa. Estava tan atabalat que allò que era incontestable, que el quadre l'havia vomitat després d'haver-lo ingerit, no formava part de les seves preocupacions immediates.

Al cap d'unes hores de vagar, ara ja n'estava convençut: era en un renovellat Museu Municipal de Pintura. Es va tranquil·litzar perquè va entendre que somiava. Hi havia, davant seu, una indicació de lavabo d'homes que li va fer recordar que estava assedegat; hi entrà i begué un glop ben generós d'aigua a raig de l'aixeta.

Malgrat l'evidència de saber on era, quan va sonar una mena de sirena apagada i van encendre's alguns llums, i de fons se sentia l'eco de passes diverses, tot era tan real i es va sentir tan en fals que va descartar l'explicació del somni. Va decidir ocultar-se als lavabos per tenir temps de pensar. Acabava de ser vomitat per una pintura, i això no es pot explicar a ningú.

Quina hora era? Segons el seu rellotge... no era cap hora: estava aturat. Aturat? Un rellotge de piles acabades de canviar? El cas és que segurament havia passat una hora llarga als lavabos i s'havia avesat a la fressa habitual d'un museu, amb passes, converses tallades, la rialla continguda d'un bidell, la senyora amb talons sorollosos... Va respirar fondo i sortí fent cara de visitant com tots els altres, mirant de dissimular al màxim no sabia ben bé quin delicte. Com si fos un visitant més, s'encaminà cap a les tres sales del fons. Ara va poder llegir bé el rètol: «Exposició del fons J. G.». És clar: les sales reservades a les exposicions temporals. Agafà aire i es dirigí cap a la sortida.

–No pot ser, no pot ser... –va dir en veu baixa una Hermínia força envellida, aferrada a la porta perquè les cames li començaven a fer figa. Amb la boca oberta mirava l'home que, al pas de la porta, no gosava entrar a casa.

–Què no pot ser? –va dir una veu forta que provenia de l'interior del pis.

–Claudi... –va fer la dona, amb un fil de veu, mirant l'aparició.

–Em sembla que m'he deixat els cigrons al foc.

–Què? –L'Hermínia a punt de desmaiar-se.

–Em sap greu. Deu haver quedat tot fet un desastre.

–Hòstima, Claudi! –va dir l'home de la veu forta, que ara havia arribat a la porta.

–Puc entrar? –Ignorant ostensiblement l'home, però sense gosar fer un pas.

–És clar –va dir l'home ignorat–. Però d'on collons... –A l'Hermínia:– Perquè és en Claudi, oi?

I va tancar la porta, que encara feia aquell grinyol.

–Ai, que no sé què m'agafa –va dir l'Hermínia, corrent cap a la sala, segurament per poder seure de seguida.

–Quant de temps fa que...? –va preguntar així que arribà al menjador, que va trobar molt canviat. *La paysanne* ja no era a la paret.

–Quant de temps fa de què? –l'Hermínia, fregant-se les mans, encara perplexa i deixant-se caure al sofà de sempre.

–De... de... No ho sé. Des de... No ho sé: de quan vaig marxar. –La va assenyalar:– Et veig canviada.

Llavors se li va acudir donar un cop d'ull al seu estudi, a tocar del menjador. Només entrar-hi va sentir una fiblada de dolor: la taula i tots els seus papers estimats havien desaparegut i les estanteries de llibres havien estat substituïdes per un empaperat horrorós, com si haguessin tingut la necessitat imperiosa d'esborrar les traces de la seva vida. Va sentir la mà de l'home que se li posava, no sense desassossec, damunt l'espatlla.

–És que nosaltres... Aquesta habitació...

–Vius aquí?

Va sortir de l'estudi sense esperar resposta. L'Hermínia estava asseguda, i se'l va mirar, esparverada.

–Hauríem d'avisar... –va tenir esma de dir.

–A qui? –va fer en Claudi, encuriosit però una mica distant.

–No ho sé. Al doctor Grau. Oi?

–Sí, bona idea –va fer l'home, que desaparegué covardament del menjador.

L'Hermínia no gosava dir-li hauries de saber, Claudi, que els morts no tornen a casa. Tampoc no li volia retreure que li havien fet unes exèquies caríssimes però sobretot emotives, molt emotives; fins i tot estava resistint l'impuls de referir-se als precs als déus perquè l'acollissin i a Déu perquè fos misericordiós amb la seva ànima. Tampoc no va voler fer cap referència als seus farts de plorar, ni a la seva sensació de culpa; perquè havia plorat de ràbia, de pena, d'impotència, de dir-se ho hauríem d'haver portat més bé, això, i de pensar per què et vaig deixar sol aquell dia, i... Però sobretot, encara que no n'era conscient, com tots els vius, pensava què en faré, ara, de les meves llàgrimes inútils?

–Per què esteu tan... –va fer en Claudi, mirant la seva dona. I assenyalant amb el cap en direcció al corredor.– Qui és, aquest paio?

Ella es va tapar la cara amb les mans i va arrencar a plorar. En Claudi no recordava haver-la vista mai plorar amb tant de sentiment.

–Què collons ha passat, m'ho podeu explicar?

–És que no pot ser.

–Bé: m'ho expliques o...

–Et vas morir fa deu anys, Claudi –va dir, traient-se un mocador de la butxaca–. Fa deu anys.

Ara va ser ell qui va seure al sofà.

–Mort? Fa deu anys? –Un gest sec amb les mans:– Estàs boja.

–Avui fa deu anys.

–Collonades.

–Avui fa deu anys, Claudi. Cada any d'aquests deu anys ho he tingut en compte.

–I de què em vaig morir, si es pot saber? –Una mica, només una mica sorneguer.

–De què? –Ella va mirar cap endavant, com si volgués foradar les parets i el temps amb la mirada:– No ho saps?

–Però Hermínia... Si sóc aquí és que no m'he mort!

–Ara ve el doctor Grau –va informar l'home entrant al menjador.

Amb una veu profunda, fluixa, amb un deix de rancúnia i amb molta pena acumulada, l'Hermínia va dir et vas llançar per la finestra, Claudi. No sé per què, perquè mai no havies dit que...

Va ofegar un sanglot i es va mocar. I llavors el va mirar als ulls i va continuar:

–Mai no deies re... –Va sacsejar el cap:– Jo què sé! Déu meu, és massa gros, això.

–Toca'm –va fer ell, estenent la mà–. Toca'm. Carai!

Ella es va immobilitzar, va prémer el mocador amb força i va avançar una mà. Tres dits prims i freds van tocar el dors de la mà d'en Claudi.

–Ho veus, dona? No sóc cap fantasma.

–Fa deu anys. I estàs igual.

–Ho veus? No m'he mort! –Dubtà uns moments:– Tu sí que has envellit.

–I tant que m'has fet envellir... Tu i el temps, m'heu fet envellir.

–L'Hermínia diu la veritat. Et vas llançar per aquesta finestra i jo vaig donar-ne el testimoni a la jutgessa –va fer l'home.

–Testimoni de què?

–Entén-me... Era per estalviar el tràngol a la pobra Hermínia...

–Testimoni de què?

–Que tu eres tu. Amb el cap rebentat i les cames desllorigades; però que eres tu.

–Per l'amor de Déu! –va protestar l'Hermínia.

–Com cony vols que ho digui! –va remugar, emmurriat.

–I com ho sabies, que era jo? Jo no et conec de res.

–Bé... Jo... sí que et coneixia. Ets conegut.

–Em sembla que et confons.

–Eres un professor molt... Perdó: ets un professor que... Jo què sé! Et coneixia i prou. –A l'Hermínia:– El doctor diu que trigarà deu minuts com a molt.

–Per veure si sóc viu o mort?

–No entenc res, no entenc res –va fer l'Hermínia, prement el mocador contra el nas com si volgués frenar una hemorràgia de records i de penes.

–Molt bé –va fer en Claudi–. Ja me n'he fet una idea. Puc anar a pixar?

–És clar, home –va fer l'home–. Ja saps el camí.

Va trigar pocs minuts a tornar a endinsar-se a les sales del Museu Municipal de Pintura, ple d'ànsia, com si la vida de la ciutat, el trànsit, la pressa de la gent, fossin un destorb per a ell.

No sabia quin dia de la setmana era. Ni sabia res de res. Només tenia molt clar que ni per tots els tresors del món no volia un acarament amb el doctor Grau. Passejà d'esma per les sales. A la sala XIV de seguida va veure la pagesa de qui no coneixia el nom. S'acostà al quadre. *La paysanne*. El seu quadre. El seu sol. La seva pagesa que encara no li havia dit com es deia. S'hi va estar una estona llarga, llarguíssima. Després vagarejà per tot el museu i li va fer una certa angúnia adonar-se que un bidell el mirava d'una manera estranya. Suposava que no tenia res que el fes sospitós, però aquella mirada no li va agradar gens. Va fer veure que estava interessat per altres èpoques i es va allunyar de la seva pagesa; contemplà amb indiferència un Picasso que en altres temps l'hauria emocionat. I altres quadres que no li deixaven cap empremta, perquè no tenia el cap clar. Només estava pendent que fos l'hora de tancar, que per fi va arribar quan una bidella rossa i de cames rotundes anava dient que si us plau, que estem a punt de tancar, facin el favor de dirigir-se cap a.

En Claudi, en comptes de dirigir-se cap a, va optar per refugiar-se en el lavabo que ja coneixia. I esperà que tot estigués tranquil. I van apagar els llums. Llavors sortí del seu amagatall, camí de la sala de la pagesa, sense poder evitar fer un soroll horrorós amb les sabates. De sobte, una lot el va encegar. Devia ser el bidell malparit que el volia caçar, o un vigilant nocturn. Sense pensar-s'hi, arrencà a córrer per les sales, a les fosques, recordant els quadres i sabent que s'acostava a la seva pagesa. Darrere seu, crits comminatoris, amenaces i pampallugues de la potent lot del vigilant. Fins que arribà a la seva sala i, sense saber ben bé què feia, es llançà contra el quadre. Al cap d'uns segons la lot, seguida dels esbufecs del vigilant, escombrà la sala amb aires de triomf perquè era un cul de sac. Però la sala era buida.

–Alça! –va dir el vigilant. Incrèdul, tornà a escombrar la sala i les cantonades. Res.

*

Al laboratori eren tres especialistes en restauració i el senyor J. G. en persona, que no va obrir boca en cap moment. La que manava, la que duia unes ulleres penjades al coll, va dir no té cap explicació. Tots plegats van contemplar *La paysanne*, de Jean-François Millet, amb atenció. L'havien col·locat en un faristol per acabar d'examinar-lo amb comoditat. Tots quatre hi van acostar el nas. La pagesa, que mig amagava el rostre en una posició que no arribava a ser de perfil, marxava cap al sol ixent que sorgia d'una muntanya no identificada. Aparentment, tot era normal. Però el tècnic que havia aixecat la llebre assenyalava ara amb cura unes taques al costat de la pagesa. Unes taques que, segons com es mirés, semblaven una presència...

–Deixem-ho així –va tallar J. G.

–Però és que no hi eren abans de l'incident.

–N'estan segurs?

Ningú no es va voler mullar. Ell sí que sabia que les taques abans no hi eren, però semblava el menys amoïnat.

–Humitat? –va dir per dir.

–No.

–Fongs?

–No. Aquí només hi ha pintura.

–Aparicions fantasmals?

–Per favor...

La conclusió dels experts va ser taxativa: els pigments de les taques aparegudes feia només unes hores eren exactament de la mateixa època que tots els pigments del quadre; i sota la pintura d'aquelles formes tènues només hi havia tela, cosa que les feia més inexplicables.

El propietari del quadre i de totes les obres que s'exhibien en aquella exposició temporal va assegurar que no pensava fer cap reclamació ni al museu ni al municipi, i tothom va respirar més tranquil. I un cop a casa, tancat al seu sancta sanctorum, va estar-se llargues hores davant *La paysanne* amb l'esperança de percebre-hi algun moviment. Estava convençut que algú se li havia avançat.

PARADÍS

El dia que vaig matar la primera nena vaig entendre que és molt fàcil de fer però que la meva vida havia canviat sense possibilitat de retorn; a partir d'aquell moment ja no podia ser una persona normal: m'havia convertit en un home excepcional. Una cosa tan simple, abans no l'hauria sabut dir. Ara, sí, i tant. Sobretot perquè sé que m'està proscrita l'entrada al Paradís i he de viure tenint present sempre aquesta condemna. O rebel·lant-m'hi: tinc la folla esperança que un dia m'hi esmunyiré malgrat la interdicció. Ara que sé que l'única escalfor humana que tinc dret a percebre és la del meu advocat, he acceptat que estic condemnat a anar sol per la vida. No tinc dret a tornar a casa perquè ja no és casa meva. Ni la dona ni el nano no volen saber res de mi. Ni la mare, que està molt atrotinada, ni les meves germanes no tenen ganes de tornar-me a veure mai més. No els ho retrec: jo tampoc no tinc gens de ganes de trobar-me-les. No sabria on posar els ulls, i elles tampoc. Tants anys de presó m'han ajudat a acceptar que només em tinc a mi a la vida. Durant vint-i-dos anys no he rebut cap visita excepte les dels meus advocats; n'he tingut cinc, tots cinc d'ofici i tots cinc, encara que figurava que jugaven al meu equip, mostraven molt poques ganes de donar-me alegries. Cap visita: ni d'antics amics ni de parents: tothom m'ha tombat la cara i tant se me'n dóna. Visc sol. He viscut sol a la cel·la i viuré sol a fora de la presó. No entenc per què fan tant de soroll amb la meva excarceració; jo no l'he pas demanada; en el fons, la cel·la era la meva closca, que em protegia dels odis de la gent de fora, que em permetia estudiar i llegir tot allò que en una vida a fora no hauria pogut llegir. Ara hauré de veure els paisatges canviants, les cares noves, l'angúnia que algú em reconegui... Confesso que tinc ganes de veure nenes prenent un Cacaolat; hi passaré pel davant com qui busca una taula més tranquil·la, vora les finestres que donen a la carretera. També tinc ganes de mirar-les als ulls fins que elles em mirin, per comprovar si endevinen la meva essència, la meva naturalesa que tinc enganxada a la pell i als ulls, o si tot plegat són cabòries meves. Ara bé, que quedi clar: si d'alguna cosa m'he penedit, no ha estat de tot el que he fet sinó d'haver-me deixat caçar d'una manera tan estúpida. No sento cap mena de remordiment pel que vaig fer. Segurament, ara no tornaria a fer-ho, però més que per les nenes, pel merder que suposa haver-se d'amagar i la por que comportaria tot plegat; sí, sobretot la por que m'enxampessin. I ho dic tot i que sento per dins que si no m'haguessin alliberat no m'hauria fet gaire cosa morir-me a la presó. Que els bombin a tots plegats; jo, amb mi, ja estic bé. I no em fio de ningú. Però encara que ho tingui vedat, hi tornaré i seuré a la mateixa taula; potser un cop assegut veuré, mirant cap a la dreta, una altra nena prenent un Cacaolat. No la penso ni tocar; però em faria molta gràcia passar-hi ben a la vora, tot anant als lavabos. És una manera de pensar que la vida torna a reprendre's en el punt en què tot va començar a anar malament. Podria dir que la culpa és meva perquè vaig badar. No es pot estar per tot. Em van enxampar en acció perquè em va ser impossible reprimir-me davant d'una nena cridant a les fosques. I si hi ajuntem la mala folla que el carnet de conduir m'havia caigut quan la quarta bacona em fotia cops de peu a la panxa... Això del carnet va ser l'element substancial perquè semblava la meva signatura quan van trobar el cos, tot s'ha de dir, molt mal enterrat. Jo ja els vaig dir que havia estat a la Barraca, però dos dies abans o tres.

–I què hi feia, a la Barraca?

–M'agrada caminar i pensar. Sempre m'ha agradat el paisatge dels Romeus. I com que feia un vent una mica desagradable, hi vaig entrar.

–El Servei Meteorològic assegura que aquella setmana no hi va haver cap episodi de vent a la zona.

–El servei meteorològic no estava passejant pels Romeus aquell dia.

–I durant aquests vint-i... vint-i-cinc dies no s'havia adonat que havia perdut el carnet de conduir?

–No. Quant de temps fa que no ha mirat si duu a sobre el seu carnet de conduir? Eh? Comprovi-ho, que potser també l'ha perdut i no sap on.

No em van creure. Això que vaig jurar per tots els sants del món que deia la veritat. És que mentir és dificilíssim: has de tenir molt clar tot el que has dit i tot el que has anat construint amb la mentida, per no contradir-te. Sempre hi ha el llest que t'enxampa. Ah, que no havia dit que era un divendres, sortint de classe? Bé, no: m'he equivocat, d'acord. Ah, sí? Que no deia que ho tenia claríssim? I coses així, que et van posant neguitós i et fan difícil pensar amb claredat. És quan diuen allò de l'acusat va caure en múltiples contradiccions. Ho fan a posta per fer-te caure encara que siguis innocent. Ara, durant anys, he arribat a construir una versió dels fets que m'exculpa del tot. En el cas de les cinc nenes, un per un. Sense fissures. Però ja és massa tard perquè, a part d'unes quantes polles, m'he mamat vint-i-dos anys a la presó, i ara que m'han deixat anar tinc moltes ganes de fer una visita no gaire innocent. Com si diguéssim, per completar el cercle. Aniré a saludar el periodista malxinat que, en sortir la notícia de la meva excarceració, va publicar la foto amb el meu aspecte actual. Es diu Nosequè Vélez i per internet he tret la seva foto: me l'he apresa de memòria. Per culpa d'aquest degenerat m'estic rapant la closca i em trec la barba: el molt bacó, publicant la foto, m'ha deixat despullat al mig del carrer. Primer vaig pensar que havia de fer una visita al fotògraf de la presó. Però no: ell fa la seva feina, que va a parar als arxius. És el periodista qui se les va enginyar per aconseguir el meu retrat i publicar-lo amb un peu de foto que n'hi ha per demandar-lo... Aquest home sí que no el puc perdonar. Sé que tinc dues opcions quan el liquidi: o reivindicar la mort del capullo o no fer-ho. Veus? M'empipa haver-me tornat malparlat. Jo abans era un home educat però la presó ho espatlla tot; fins i tot les maneres. Si reivindico la mort d'aquest merda, em convertiré un altre cop en un proscrit i m'hauré d'amagar. Quina mandra!... I si no en reivindico la mort, ha de semblar de debò un accident als ulls dels altres però no a les seves orelles: a ell sí que li recordaré qui sóc i per què mor. L'hi diré mirant-lo de fit a fit. Mirant-li la por, per carallot i imbècil del cul. No seré jo qui es venjarà: seran els meus records. De moment, no en vull parlar ni en aquests papers que sé que ningú no pot veure ni mai podrà trobar perquè són dins del meu cap. Estic tan avesat a passar el dia rumiant, que tinc els calaixos mentals molt ben moblats.

No hi puc fer més: he de reconèixer que em fa il·lusió fumar-me un cigarro prenent un cafè i mirant a fora, a la carretera, sense timbres, sirenes ni el venga, coño, estás sordo, joder dels funcionaris. En canvi, em trobo que resulta que fa anys que els del govern prohibeixen fumar als bars i la gent no es rebel·la. On vol que fumem? És clar que sóc idiota perquè havia deixat de fumar fa més de cinc anys i ara amb la llibertat a sobre hi he tornat a caure. Fa un dia i mig que sóc lliure, he tingut temps de fumar-me tretze cigarros i m'he marejat com una sopa, però encara no he obert cap llibre. Primer me l'hauria de comprar; o hauria d'anar a una biblioteca i deixar-hi el nom, cosa que em fa molta angúnia. No és conya, això de tenir un nom proscrit i maleït. Moralment no m'afecta perquè tot em rellisca, però és profundament incòmode per a la vida quotidiana.

Sé que sóc un empestat. Jo era professor d'història, tenia un sou decent, provenia d'una família normal, tenia dona i fill i m'agradaven les nenes; ei, ho mantenia a ratlla fins que un dia les coses es van posar difícils perquè vaig dir a una nena que l'acompanyaria a casa i, com qui diu sense voler-ho, no hi vam anar sinó que me la vaig endur al bosc dels Romeus, i ella vinga dir però cap on va, on va, que s'equivoca, profe. I després em va fer embogir perquè plorava i plorava i jo volia que callés; fins que la vaig fer callar del tot d'una puta vegada. Era culpa d'ella, perquè juro que no volia matar-la. Va anar així perquè era una ploramiques de llibre. I el cas és que no va passar res. Van parlar de l'estranya desaparició d'una nena i coses així, però no va passar res. I com que tot va ser tan fàcil, em van tornar a venir unes ganes irresistibles de nena i al cap de pocs dies, que era perillosíssim perquè encara buscaven la ploramiques, que era impossible que la trobessin, doncs patapam; en el fons ho vaig fer perquè m'agradava aquella barreja de perill, misteri, nenes i aventura... Ostres tu: i la nena no va plorar. Somreia. Però quan vaig haver acabat, la molt desgraciada va dir jo et conec, ets el professor Russó, eh que sí? Es veu que no era tan nena com aparentava. Jo li vaig dir que no sabia qui era aquest senyor que deia i ella encara va afegir doncs les amigues diuen que ets un paio estrany i veig que sí que ho ets. O sigui que me n'havia endut al bosc una Lolita! Vaig comprendre que era impossible viure amb aquella mena d'amenaça; o sigui que la vaig deixar garlar; fins i tot es va referir, amb una certa ganyota de menyspreu, als meus genitals, i jo que li dic on has après tot això, puteta?, i ella va i em respon doncs de gent com tu, professor Russó. I llavors la vaig haver d'escanyar; no tenia alternativa. El que em fa gràcia és que em diguin que sóc un malalt. No, senyor: simplement és que, a més del període barroc i en general l'edat moderna fins al final de l'Ancien Régime, també m'agraden les nenes; i les Lolites em posen a cent; però no han de tenir la llengua llarga. El problema és que, encara que no tinguin la llengua llarga, les meves amants nenes han de ser, un cop fet el fet, mortes i ben mortes: neutralitzades. I no és culpa meva sinó de les circumstàncies; això els advocats no ho entenen, els imbècils de merda. Cap dels cinc que he tingut no ho ha entès. S'enfilen per les parets i vinga parlar de moral... Colla de passerells.

El que no m'esperava era que em descobrissin; i que ho fessin tan de pressa. Excés de confiança que, fet i fet, em porta a la proscripció i –la meva obsessió– em nega l'entrada al Paradís. Quantes coses que he d'aguantar perquè, si em deixés anar, tornaria a la presó... Les meves presons: Manzanares, quatre; Can Brians, sis; Lleida, cinc, i Quatre Camins, set anys. Fins que un dia em diuen que me'n puc anar abans del que havien determinat i tot. Resulta que per no sé quina operació m'haurien d'haver alliberat abans... No sé com va ben bé, perquè quan els advocats em parlaven d'això, sempre em distreia; no m'interessava el tema: sabia que m'hi havia de passar la vida i per tant em negava a comptar els dies.

M'han deixat lliure ben lluny de casa i m'han dit que no hi podia tornar. Ni a cent quilòmetres del poble. Sóc lliure: o sigui que faré el que em donarà la gana i aniré on voldré i que es facin fotre. Ara sóc dalt del tren, després de tants anys de no agafar-lo, i quasi no miro el paisatge perquè estic enfeinat pensant i escrivint dins del cap mentre m'acosto a casa meva, al poble, al lloc prohibit. I després faré la visita que he dit i juro que me n'aniré ben lluny. Que els donin pel sac a tots! El que no faré serà visitar la família: ningú no em vol ni veure. El nano, que ara té l'edat que tenia jo quan va passar tot, es va canviar el cognom de seguida, el malparit, i no es fa dir Rousseau, que per lligar li hauria anat esplèndidament bé; com a mínim ets francès, oi, xato? Doncs el nano no em va venir a visitar ni una puta vegada. Que el bombin! Creu i ratlla. La dona va venir un cop i va ser terrible. Em va anunciar que se n'anava ben lluny i em va dir coses gruixudes de debò; hauria estat millor que no hagués vingut. Que la bombin, també! Sé que estic sol.

No tornaré a ficar-me amb les nenes perquè el preu és massa alt. És una droga que no em puc permetre. Però una cosa o altra hauré de fer. M'han impedit que treballi com a professor i m'han suggerit quatre feines en indrets ben diferents. Vull posar-me a treballar, després de fer els deures, no cal dir-ho. Potser agafaré la feina d'escura-xemeneies: moure el cos, embrutar-me, netejar-me de tota culpa, canviar-me i, un cop net i polit, llegir una mica i no sentir ni timbres ni sirenes ni aquell venga coño, estás sordo, joder dels funcionaris. En el fons sé que malgrat les aparences no sóc gens violent. Més ben dit: sóc pacífic de mena; això de les nenes és una cosa a part que no és ni malaltia ni res: a tothom li agraden les nenes i no els empresonen. Reconec que he matat cinc vegades, però no sóc violent: m'hi han portat les circumstàncies, els crits... Això la meva dona no ho va voler entendre: per això em va escopir. Sí, quan va venir a visitar-me em va escopir. Vaja: l'escopinada li va quedar enganxada al vidre del locutori, quan jo estava en presó preventiva abans del judici. És a dir, abans de tenir la seguretat jurídica de si era innocent o culpable. I ja m'escopia! No la vaig veure ni un sol refotut dia del refotut judici. Ara estem divorciats perquè no és pla viure amb una dona així. De fet, no sé ni on viu. És que la cosa va anar d'un pèl. Em van detenir perquè al parc d'atraccions vaig enfollir grapejant una nena a la casa dels horrors i els crits es confonien amb els xiscles d'esglai d'altres nenes que haurien volgut ser grapejades per poder esgarrifar-se de debò. Algú, no he sabut mai qui era, però em fa l'efecte que era un actor dels que havien de fer por als visitants, em va estabornir amb una cadira: sense sentits allà a les fosques. No vaig poder al·legar res. I els molt cabrons van començar a tibar el fil i van anar sortint els... És que són molt hàbils, preguntant. Van sortir les cinc morts. I quan jo m'anava contradient a comissaria, va aparèixer el cos de la baconeta que tenia el meu carnet de conduir a la vora. Ja podia anar dient missa, jo, amb aquells indicis contra mi. Mira si són hàbils que ni jo recordava que eren cinc. L'una darrere l'altra. Però tota la culpa, meva: per haver abaixat la guàrdia. I em van atrapar només per grapejar, sense més conseqüències, una cridanera en un parc familiar d'atraccions innocents. Té bemolls, la cosa.

Dissimulant la torbació, vaig empènyer la porta del Paradís a poc a poc, com si el gest fos un acte litúrgic. Ja era a dins! Al taulell hi havia un xicot de pell fosca ordenant entrepans. Se sentia una olor difusa de cafè. Tres taules ocupades. Vaig seure a la meva, que estava lliure; a la taula on feia vint-i-dos anys que m'havia assegut i havia encetat el meu currículum. Només fins que no vaig estar acomodat no vaig mirar cap a la dreta, quasi com si tot plegat fos una cerimònia d'iniciació. Vaig mirar cap allà on hi havia la primera nena, la que m'havia portat al desastre. I en comptes d'una nena prenent-se un Cacaolat, al seu lloc, un home va aixecar el cap, mentre endrapava una hamburguesa, i es va quedar astorat de sobte. Em vaig acollonir, la veritat. L'home amb la boca plena, oberta, mirant-me i dient ai reputes, si aquest és l'assassí bandarra que han deixat en llibertat, el maricó depravat que... Llavors l'home va mastegar el que tenia a la boca i va somriure, i jo vaig dir-me mira que ets idiota d'haver volgut tornar al Paradís, hòstia, quines ganes de complicar-te la vida. Ara a veure què farà, aquest paio. I el paio va fer un parell de mastegades més sense deixar de somriure i va fer gestos d'invitar-me a seure a la seva taula. I quan, d'una manera quasi hipnòtica, anava a obeir-lo, per darrere meu va passar un altre home, un altre camioner que va arribar fins a la taula del de l'hamburguesa i s'assegué al seient que l'altre li oferia amb un gest del cap. Suor freda. I jo pensant que bo, tu, quina llàstima que no ho pugui explicar a ningú. I quan em disposava a reflexionar si valia la pena posar-me en perill d'una manera tan estúpida malgrat el bany d'adrenalina, un altre cop l'angúnia sobtada, d'infart, perquè tots dos homes es van tombar i em van mirar seriosos. Suor freda i pensar com se m'ha acudit d'obrir la porta prohibida del Paradís? Llavors el xicot del taulell se'm va posar al davant i em va preguntar què menjaria. Vejam: el que m'hauria agradat era fugir de pressa; però amb aquella ànsia que em donava el perill, vaig dir-li una hamburguesa amb ous ferrats i patates fregides. Més perill doncs. Sí, i una cervesa, sí. I quan se'n va haver anat, els altres dos ja no es van fixar més en mi; pels fragments de conversa que sentia, parlaven del nou camió del que acabava d'arribar i que devia ser rere meu, al carrer.

Vaig atacar el menjar amb més fúria que gana: un dels primers àpats en llibertat però envoltat de perill. I llavors em vaig quedar amb la boca oberta, m'imagino que plena de trossos d'ou i patates fregides. Al diari local que hi havia a la taula del costat, una foto d'un paio que em sonava. L'agafo i em quedo de pedra. Creieu en les casualitats? Jo no. Però és massa. Així d'entrada em vaig sentir orfe, sense cap objectiu a la vida: el refotut Vélez, mirant-me des del paper com si només li haguessin fet una sola foto en sa vida, perquè era la mateixa que jo tenia al cap. I al costat, l'esquela. Els companys de redacció et recordarem sempre. Ostres: en comptes d'alegrar-me'n, em vaig sentir mancat de venjança. Així de sobte. Si un maleït accident de trànsit me'l mata abans que jo pugui fer justícia... No podré dir-li que mai no et podria perdonar que publiquessis la meva foto i que hi posessis aquella ignomínia que em sé de memòria: «Fixeu-vos en aquest rostre: el depravat assassí que es fa dir "el monstre del Paradís", en llibertat. Vigileu les vostres filles. Si el veieu... ruixeu-lo amb quitrà bullent». I ara el mort és ell i jo no hi he contribuït. De sobte em vaig sentir buit. Jo sí que et recordaré sempre. Em vénen ganes d'assistir al teu enterrament, sobretot perquè has fet creure a la gent que jo em vaig inventar això tan caspós de «monstre del Paradís». Per l'amor de Déu! Potser sí que assistiré al teu enterrament. Ets tan dat pel sac que m'has convertit en un home sense cap objectiu seriós a la vida. Si no és que me'n buscava un altre, com ara el jutge que em va dir que la perpètua era massa clement. O els cinc menyspreables advocats. O el Julián de Manzanares, que em deia matanenes. O en Bastida, el primer que em va violar quan no feia ni quinze dies de la condemna en ferm... Em vaig posar tan neguitós per haver-me quedat sense objectiu que, quasi sense adonar-me'n, vaig ficar-me una forquillada de patates fregides a la boca. Per dissimular, vaig mirar cap a fora. «Monstre del Paradís»! Quina poca classe que tens, periodista de merda! És que aquestes coses m'indignen.

Ai, la puta mare que ens va parir a tots: pel carrer, sense veure'm, potser enlluernada pels vidres, passava la bacona de la meva ex amb cara de pomes agres, i jo amb la boca plena. Vaig pensar si se li acut entrar al Paradís, me la tallo perquè m'hauran pescat dos dies després del cop de peu al cul, contravenint a la instrucció número u i recorda-ho bé: si t'acostes a cent quilòmetres del poble i de la teva pròpia família o de la família de qualsevol de les teves víctimes, tornaràs aquí uns quants anys més. I jo que, de la presó estant, ja jugava amb la idea excitant d'empènyer la porta del Paradís, vaig respondre a l'advocat i al funcionari que sí, que quedava entès, que ho comprenia perfectament i que només faltaria. Mentrestant, esperava que darrere meu s'obrís la porta i entrés la Carmela i vingués fins on era brandant un ganivet o, encara pitjor, amb les mans als malucs i m'esguerrés el dinar. I sí, es va obrir la porta. Em vaig aixecar i em vaig tombar encara amb la boca plena. La Carmela em va mirar als ulls però no em va reconèixer. I llavors vaig caure-hi: no podia ser la Carmela perquè havia de ser vint-i-dos anys més vella que el dia de l'escopinada; i també em va venir al cap que, així que es va destapar tot, havia marxat del poble amb el nano perquè se'ls feia insofrible viure-hi unes hores més. La Carmela va demanar no sé què al xicot de pell fosca i jo vaig deixar un bitllet damunt del taulell i vaig anar cap a la porta, encara mastegant, fent el posat d'estar atrapat per una urgència inesperada. Acabava d'adonar-me que no podia anar pel món amb aquella alegria. Si era un proscrit, havia d'aprendre a viure com a tal. Vaig obrir la porta del Paradís, però per sortir-ne per sempre més, expulsat, tot i que no vaig saber veure l'àngel amb l'espasa de foc. Malaguanyades patates, malaguanyats ous ferrats. Malaguanyada cervesa que no vaig ni tastar.

Hi havia una cinquantena de persones, massa poques per al meu gust. Jo, amb ulleres fosques i un aspecte prou diferent del que en Vélez havia divulgat. Vaig agrair amb un cop de cap educat a la funcionària que m'oferís el recordatori i vaig seure en un lloc discret, a badar una micona. Al cap d'una estona, com que no passava res, em vaig posar a llegir el recordatori; hi deia que el malparit d'en Vélez dels pebrots ha mort el dia tal i tal a l'edat de trenta-set anys i era conegut mundialment per la seva mala bava de fer-li una putada al pobre monstre del Paradís. La família, els companys de professió, els amics i el monstre del Paradís et recordarem sempre. Trobarem a faltar el teu somriure. Descansa en pau, fill de mala mare. Un cop llegit, me'l vaig guardar a la butxaca i vaig fer posat d'atendre fervorosament a tot el cerimonial. Feia tants anys que no assistia a cap enterrament que fins i tot ho vaig trobar entretingut. Una violinista que feia goig i un pianista pansit anaven regalant alguna alegria amb una música ben trista.

–T'acompanyo en el sentiment –vaig dir quasi a cau d'orella a la vídua, que era força guapa. I vaig sortir de la capella o sala o com se'n digui ara, i em vaig trobar enmig de grups de periodistes i fotògrafs que anaven fent fotos i vaig pensar ja t'has tornat a embolicar. Si algú de la presó veu les fotos i em reconeix, he begut oli.

–Perdona, tu qui ets?

Em vaig tombar. Una dona amb cara radiant però seriosa em burxava la tranquil·litat.

–Un simple lector d'en Vélez. –Perquè no hi hagués dubtes:– Gran professional.

–Ah, és que per un moment pensava si...

Havia d'incitar-la o posar-hi distància?

–Què pensaves? –vaig decidir.

–No... Si eres de la promoció de Periodisme o...

–No, dona! Sóc més vell, on vas a parar! Si de cas, hauria pogut ser el seu professor, i no és el cas.

Ella va riure educadament i se'n va anar a abordar un grup d'homes que xerraven engrescats. Vaig interpretar la rialleta de la dona com si m'hagués dit d'acord, ets més gran però encara fas goig. I jo li hauria contestat és que em sé cuidar. Una pila d'anys a la presó, però dues hores diàries d'estiraments i de flexions, i dels fixos al bàsquet del pati durant els deu primers anys. Bé: fix fins que s'assabentaven que havia violat i matat nenes, que llavors es feien els llepafils i no volien tractes amb mi, no sé si m'entens.

–Els deu primers anys! –diria, meravellada, esgarrifada, la dona de rostre radiant–: això vol dir que hi has passat més de deu anys, a la presó!

–I més de vint –li hauria contestat jo picant-li l'ullet.

–Has matat i violat nenes? –Ho hauria dit esperant que m'hagués entès malament.

–No –diria jo–: he violat i matat nenes. No sóc cap fastigós necròfil. I et juro que no les volia matar, però es fotien a cridar i...

–I per què cony has vingut a l'enterrament d'un periodista tan íntegre? –burxaria ella, encuriosida.

–Una cosa no treu l'altra. Puc ser un assassí execrable, però també em sé alegrar de la mort dels fills de puta.

–Disculpa?

–Vull dir que em sembla que sóc l'únic que ha vingut de gresca.

Cara d'esglai de la dona radiant. I jo li posaria la mà en confiança damunt l'espatlla i m'adonaria que és la primera vegada en vint anys llargs que toco una dona. I pensaria que el món és tan injust amb mi que em posaria a plorar. En aquell moment hauria decidit que els acompanyaria al cementiri. I no pas per assegurar-me que en Vélez no en sortís mai més sinó per tenir l'oportunitat de posar amicalment la mà un altre cop a l'espatlla de la dona de cara radiant.

Al cementiri estaria molt discret i després hauria preguntat a la dona com et dius; i també li diria t'invito a dinar però hauràs de pagar tu perquè estic escurat. I després li hauria dit que com que veig que estàs fonent-te'n de ganes, anem a casa teva i ens posem al dia.

–Què vol dir, posar-se al dia? –hauria dit ella.

–Doncs que tu m'expliques qui ets i què fas remenant per aquí, i jo et dic que he pagat el mal que he fet i, segons com em vagin les coses, em reinseriré i tot. Tinc moltes ganes de començar de zero –ara l'assenyalaria agosaradament–, si pot ser amb tu.

I ella es posaria a riure i diria ostres, quina imaginació més desbordant. I quin mal gust d'exemple que m'has posat.

–És que això d'improvisar... –m'excusaria jo.

–Vinga: torna-ho provar.

I llavors jo diria, desaprovant: com l'ocell que deixa el niu, així l'home que se'n va del seu indret.

–I quin és el teu indret? –contestaria amorosida pels mots salvats i plena de curiositat.

–Fa anys que visc sol perquè no veia cap motiu en la gent que m'envoltava per proposar a ningú que compartís somnis amb mi.

–A ningú?

–A ningú. –Aleshores afegiria:– Però tu ets diferent: per tu sóc capaç de deixar el niu i arrencar a volar.

Llavors ella, colpida, diria sia com tu vols: m'invites a dinar, jo pago i et porto a casa i folguem com dues criatures.

En aquell moment, vaig mirar al meu voltant, buscant amb la mirada la meva nova amiga, però no la vaig veure; no hi havia ningú. Ni ella, ni els amics i coneguts d'en Vélez. Asfalt, rajoles buides. Un xiprer pacient observant-me amb ironia. Silenci. I jo sol davant del nínxol desert del meu enemic. Que pputa que és, la vida.

NUNC DIMITTIS

... ab ulls rients lo delit nos abraça
e la dolor calla detràs de la porta.

AUSIÀS MARCH

Digueu-me Ferriol. Amb aquesta picada d'ullet tan culta ja puc començar a escriure la meva vida amb bolígraf de plata de llei. Ara ho puc dir tot perquè visc en terra de ningú i no em fa res mostrar els meus secrets.

La meva carrera delictiva va començar als quatre anys, al parvulari. Quan la senyoreta Roser, visiblement empipada, va preguntar qui havia ficat la plastilina vermella a la gerra d'aigua de les flors, vaig mirar acusadorament en Plàcid, i la senyoreta, sense adonar-se que jo l'estava manipulant, va agafar el pobre nano i se'l va endur a fora mentre li clavava un sermó duríssim sobre la salvatjada de destruir el material escolar. Jo estava convençut que en Plàcid no es defensaria perquè era un nen essencialment callat i perquè no tenia ni idea de què volia dir material escolar. No va xerrar. Personalment, no vaig sentir cap remordiment; al contrari: allà va començar tot. Vaig entendre, com sant Pau camí de Damasc però sense que em calgués caure del cavall, que la vida oferia infinites possibilitats si t'hi sabies bellugar amb intel·ligència.

En Plàcid el vaig tornar a veure al cap de molts anys; encara feia aquella cara de no ser-hi del tot. Vaig estar ben a punt de demanar-li perdó, però quan em va comentar com qui no vol la cosa que treballava a la Borsa i li anaven bé les coses, vaig pensar que aquella trajectòria vital no mereixia cap gest de penediment retroactiu. Malgrat això, el que més em xoca és que penso en en Plàcid del parvulari i el pobret encara em fa pena. Suposo que és perquè aquella criatura s'havia vist incapaç de reivindicar la seva indemostrable innocència. O potser, posats a anar a l'essència, perquè tinc bon cor.

Amb l'actuació al parvulari sé que vaig traspassar la barrera i vaig començar a fer llargues estades on he acabat vivint definitivament: a l'altre cantó; i té conya que digui això de l'altre cantó en les circumstàncies en què em trobo ara...

La vida, com era previsible, va continuar: als sis o set anys vaig buidar el moneder de la mare; quan es va queixar i ens va mostrar el moneder buit, només li va caldre deixar anar aquell terrible silenci maternal, més fort que qualsevol acusació directa i amb proves. I després del silenci va dir què vol dir, això, eh, nens? Jo, que ja havia superat abans algunes proves dures amb la mare, vaig fer un gest preocupat i al mateix temps exculpatori cap a la meva germaneta. Jo estava ben tranquil perquè, en un rampell de professionalitat, a més de buidar el moneder de la mare ja havia deixat a la bossa de l'esmorzar de ma germana, amb molta pena pel preu que pagava, un parell de monedes acusatòries. No penseu malament: la pena era per haver de desprendre'm de dues monedes; la sort de ma germana em fa l'efecte que em deixava ben indiferent. En aquells moments, malgrat el meu bon cor, que encara no m'ha abandonat, jo ja tenia l'ànima endurida. La meva germana va ser castigada sense saber d'on li queien les bufetades, pobreta. I vaig entendre que les dues monedes eren el símbol del peatge que de vegades calia pagar per preservar la impunitat. I que no havia de dubtar a l'hora de fer-les servir; les havia de computar com a despesa i no pensar-hi més. No n'era del tot conscient, però estava llaurant el meu futur professional.

Després de no haver sentit ni un mal remordiment ni cap mena de penediment, ja estava convençut de quin seria el meu futur. Encara que no ho buscava, havia de fer mal als altres, no necessàriament mal físic: però els havia de perjudicar sense que em tremolés el pensament. És més fàcil dir-ho que saber-ho viure. Allà on vaig fer un gran pas a l'hora de posar durícies a l'ànima va ser en l'afer Boleta. Llavors devia tenir uns quinze anys.

Tot havia començat amb una broma. Jo vaig dir que sí, que era una gosseta tan especial que sabia nedar sense que ningú li n'hagués ensenyat. I la vaig llançar a l'aigua fosca davant la mirada implorant de la nena. No ho sé; tenia moltes ganes de sentir-me important perquè aquells ulletes negres em cridaven poderosament l'atenció. Tant, que els estic veient ara perfectament. La gosseta va fer plof. Plof. I no va tornar a sortir. Jo em pensava que tots els gossos se saben espavilar, però es veu que va com va. Plof. I encara no havia sortit. I els ulls negres de la nena mirant-me, esperant que la gosseta tragués el morro per respirar i tornar a les profunditats negres del llac a ensumar el fons i trobar improbables rastres d'altres cans. I els ullons negres mirant-me, creient en mi, i fent un somriure de circumstàncies perquè la fe en mi era cega, i mirant a la superfície encara llisa del llac, i la gosseta que no sortia a fer cap exhibició de crol, com si tingués plom a les potetes.

–Boleta? –va dir primer, tímidament. Després, ja una mica esverada, va repetir el nom fins que, prescindint de la confiança amb què fins llavors m'havia distingit, va llançar un dramàtic Boletaaaaaa, em va mirar acusadorament i va arrencar a córrer i a bramar.

Confesso que em va impressionar allò que havia fet. Per una banda, la pobra Boleta, cruspida pels peixos, però, sobretot, la pena de ma cosina em va tenir molt de temps reflexionant. Començava a entendre que ser delinqüent pot tenir molts moments durs, ja siguin provocats o inesperats.

Si va ser important, aquest moment, que encara el tinc al cap! Començava a saber que la meva vida seria molt aspra i que jo havia de tenir l'ànima de ferro i el cor d'acer si volia ser un bon professional. I que havia de treballar intensament per poder viure sense treballar.

Com que no vull quedar malament amb ningú,

quan em vaig decidir per la professionalització, vaig determinar que veneraria de manera idèntica els dos sants patrons del meu ofici: sant Ferriol de Besalú i sant Dimes del Calvari. Cada divuit de setembre i cada vint-i-cinc de març faig festa encara que vegi davant meu una bossa ingènua ensenyant-me una cartera llaminera. En això sóc estricte.

Algú m'acusarà de supersticiós. Però jo, seguint aquesta norma, em puc considerar un professional de prestigi. Encara que en la nostra feina no solem gallejar ni de l'habilitat ni del rendiment de la nostra traça laboral.

A la meva vida he hagut de fer tantes coses desagradables!... D'això sí que me'n queixo. Perquè sóc conscient que he perjudicat moltes persones que no m'havien fet cap mal. Podien ser uns fills de sa mare, però a mi no m'havien fet res. La cartera al metro (un clàssic), la bossa sencera amb la cartera i ulleres de sol i tàmpax a l'entrada d'uns lavabos o a les indefenses casetes de platja. Els carnets d'identitat i de conduir i els passaports que he reconduït, en benefici meu, cap a nous i il·lusionats propietaris... Els cops de sort quan m'assec en un autobús i sento una cosa dura al cul i resulta que és un sobre ple de felicitat en forma de bitllets de cent (cas singular però real)! I fins i tot he de comptar, en l'apartat curricular, les coses que he fet amb desgana o dubtant si les havia de fer; i, encara, les feines que he rebutjat simplement per un sentit innat de deontologia professional.

Vaig ser jo qui va robar l'any vuitanta-tres el Rigaud del Louvre. Sí: vaig ser jo. Encara el busquen. I encara em busquen, suposo. I ho vaig fer de la manera més estúpida que es pugui imaginar; com qui diu, el vaig robar sense voler. Resulta que jo era a París adquirint divises a les diverses línies de metro en hora punta. De fet, la faceta laboral del metro és la que m'ha donat més resultats, més alegries i més sensació de confort d'estar fent una feina estable i segura; només em falta el detall d'una dona esperant-me a casa i preguntant-me com ha anat el dia, i jo dient molt bé, estimada, molt bé. Sigui al país que sigui, el metro és una mina, cosa que m'obliga a no menystenir els viatges de negocis. I vet aquí que un dia dels de París vaig esquitllar-me al Louvre perquè la curiositat artística mai no m'ha abandonat. Com són les coses: a més a més de dues carteres confiades que reposaven a les caixetes de seguretat (ridícules caixetes que n'hi ha per denunciar-les perquè són de seguretat inexistent), quan estava contemplant les pintures d'una sala, em trobo que uns operaris feien un canvi de quadres o jo què sé què cony feien. Potser posant sistemes d'alarma; ara no ho recordo bé. I tenien el Rigaud a terra, cobert amb un drap que l'ocultava tot mentre discutien jo què sé, mirant la paret i tota la pesca. Com que anava amb una granota de treballador molt semblant a les dels paios del museu, ni es van fixar en mi. I jo que sí, agafo el Rigaud, que no és pas petit (encara no sabia que era un Rigaud), i abandono la sala fent veure que mastego xiclet (que és una manera que tinc de temperar els nervis), traspasso una dotzena de sales, i en arribar a la sortida m'adono que cadascú està per les seves coses, i jo sóc un treballador més del Louvre i assenyalo vagament cap a un camió que hi ha als jardins. Va ser un gest inútil perquè ningú no estava per mi. Feien obres. Potser construïen aquelles piràmides de vidre tan plus qu'Ancien Régime. I jo cap al camió amb el Rigaud en braços. Vaig passar de llarg del camió i em vaig confondre amb la gentada que hi havia no sé si fent cua per entrar o perquè a París hi ha molta gent a qualsevol hora. Sense buscar-ho, en cosa de minuts em vaig trobar a la Rue Saint-Honoré fent cara de repartidor de paqueteria cansat per un llarg horari laboral.

Quan vaig arribar a la pensió em vaig tancar amb clau i vaig córrer les cortines. Vaig enretirar el llençol gris que l'ocultava i em va aparèixer el *Nunc dimittis* de Rigaud amb tota la seva esplendor. Bum-bum, em feia el cor pensant que me'n donarien una milionada. Vaig tapar el Rigaud amb un cobrellit i el vaig ocultar sota el llit. I l'endemà vaig afanar tots els diaris d'un quiosc ben informat i vaig corroborar que el meu quadre era *La Présentation de Jésus au Temple,* d'un tal Hyacinthe Rigaud, 1743. I que valia una morterada. Ai carai. Es veu que havia estat propietat de Lluís XV fins a aquell dia, que va passar a ser propietat meva.

La resta dels dies a París vaig dedicar-los a il·lustrar-me sobre les paraules que el vell Simeó va dir en veure la santa criatura. Tot plegat mentre teixia una via de fugida segura per a mi i per al Rigaud. Anava fort de divises i em podia permetre el luxe de demanar ajuts i tapar boques. Al cap de cinc dies (no us vull avorrir amb detalls estrictament professionals), i havent pagat els favors rebuts, vaig fer camí cap a casona. Com a casa, enlloc. Amb les meves mans vaig fabricar un nou marc i hi vaig desplegar la tela i la vaig penjar a la sala d'estar. Hyacinthe Rigaud. Un quadre lletjot, amb una manca de rigor històric que fa feredat; tot ell és un enorme anacronisme, sense cap sentit arqueològic. Però, com són les coses, només de saber que era valuós no em va costar gens estimar-lo apassionadament, com si jo fos el vell Simeó que recita el *Nunc dimittis* que espero trigar molt a poder pronunciar a l'hora postrema si es donava el cas que cregués en Déu. Encara avui em meravello de la inoperància de la Gendarmerie.

Amb el temps em vaig assabentar de coses curioses: l'enigmàtic Hyacinthe Rigaud no era gens enigmàtic sinó força conegut. Es deia Jacint Rigau i Serra, havia nascut a Perpinyà quan Espanya encara no havia regalat aquesta ciutat catalana i el país dels voltants a França. Això em despertà la curiositat i vaig saber que a Perpinyà hi ha el museu Rigaud, on guarden un autoretrat que, tot i que es veu que era molt famós, jo encara no coneixia. Vaig decidir que l'havia d'adquirir; l'avantatge de la meva feina és que no he de demanar preus. Per fer un estudi de camp, em vaig traslladar a Perpinyà, vaig fer arreplegadissa de divises a dos mercats en hora punta i em vaig plantar davant del quadre després d'haver pagat religiosament la meva entrada. És clar que vaig tenir una sorpresa davant del quadre! En Rigau és idèntic a mi. Tant, que, des d'aquella visita cultural, em fa l'efecte que visc en un museu, penjat a la paret d'una sala entapissada de vermell, dins d'un quadre, cofat amb un barret ridícul, una mena de turbant, i amb aquell mig somriure si és no és mofeta. Quan sortia del museu, em va semblar que el conserge tenia una reacció instintiva d'acostar-se'm per impedir-me que fugís del quadre penjat en una sala vermella del seu museu.

Potser és l'hora que us digui que el nom de Ferriol amb el qual us he invitat a conèixer-me és fals. Només era un homenatge al meu sant patró. De fet, em dic Jacint, com en Rigau. I això em fa estar alerta, però no sé ben bé per què. Digueu-me Cinto, sí.

El que ha passat és que els meus interessos han anat derivant cap a l'alta cultura. Des que vaig portar un Rigau a casa, he anat canviant d'objectius i d'obsessions. A hores d'ara tinc una col·lecció de vinils i cedés sobre el tema del *Nunc dimittis* del savi Simeó. Una col·lecció única al món perquè totes les unitats que la componen han estat distretes per mi en grans magatzems, botigues especialitzades, brocanters, botigues de museus... Ai, com enyoro casa meva i els meus tresors... Que consti que no m'han costat ni un ral; només hi he gastat bocins de vida: treballo i estudio com un animal per poder dedicar-me a fer meu allò que encara no ho és. Una pretensió que considero digníssima.

L'intent d'incorporació a casa del meu autoretrat que va pintar fa segles en Rigau i que, inexplicablement, encara era en un museu, em va portar, sense voler-ho, a la jubilació anticipada. De fet, aquesta incorporació i les accions suplementàries que he indicat van ser les últimes activitats professionals que vaig mamprendre.

Tot va començar (o continuar) al museu Rigaud de Perpinyà. Ja ho tenia tot preparat per endur-me'n el meu autoretrat; jo era a la sala folrada de vermell, mirant atentament l'autoretrat. Francament: estava admirat de com en Rigau del segle disset havia sabut ferme de manera tan fidel. És que és increïble. Fins al punt que algun dels poquíssims visitants em va llançar una mirada com per dir què fa en Rigaud fora del seu quadre mentre jo pensava què hi foto, jo, dins del quadre. Sabeu? Aquella sensació de no acabar de saber on era jo i qui era jo. En un moment que la sala va quedar buida d'altres visitants, em vaig acostar al quadre; ai carai!... M'hi vaig apropar tant que, encara que feu cara de no creure-us-ho, em vaig trobar dins del quadre, cofat amb un turbant ridícul i veient com jo mateix, a la sala vermella, em mirava amb cara de sorprès. O d'astorat. I així que vaig bellugar una mica els ulls, davant meu ja no tenia la sala de parets vermelles del museu; em veia a mi davant meu, cobert amb una bata plena de taques de pintura, mirant-me amb ulls esbatanats. El jo que tenia al davant no anava cofat amb cap turbant ridícul sinó amb un drap que devia ser per protegir els cabells de les taques de pintura. Aquest altre jo em mirava com si estigués estudiant el model abans d'atacar la tela. No feia cara d'espantat. L'espantat era jo.

–D'on heu sortit? –em va dir en to acusador.

Vaig assenyalar cap a la tela que ell estava pintant, però allò que tenia a mig fer era un paisatge o un estudi de paisatge per a un fons de retrat encara inexistent.

–Eh? –va insistir el pintor.

–De... De Perpinyà. Era a Perpinyà.

–Mon Dieu! Si som a París!

No s'havia espantat gaire; jo, en canvi...

–M'ho temia –vaig dir.

Vam deixar que un silenci espès barrejat amb sentor de pintures s'instal·lés entre nosaltres. Vaig parlar per mirar de trencar-lo:

–Em dic Cinto. Jacint.

–Com jo. –Em fità atentament:– I sou igual que jo.

–Vós igual que jo.

–Tant se val. Però d'on veniu?

Va ser tan difícil dir-li que venia d'un temps que encara no havia passat... No ho va acceptar però tampoc no s'havia atabalat gaire per la meva explicació.

–Mireu, Jacinto: jo viatgi perquè creï l'espai. I de vegades hi entri de debò... Jo pensi que hi tinc dret. Però això que dieu de viatjar en el temps...

O sigui que el meu doble no s'estava de dir que feia escapades pels seus quadres. Només per alguns quadres, em va especificar més tard. I que hi havia una cosa més increïble, encara.

–Quina.

–Que sigueu pastat a jo. Sou un calc.

–Potser vós i jo som el mateix.

–Bêtises.

–No tant. També em dic Rigau, com vós.

–A més de Jacint?

–Em dic Cinto Rigau i Serra.

–Me preneu el pèl. –Mirà la punta del pinzell amb la mica de pintura ja resseca. Deixà el pinzell damunt la taula.– I també sou nascut a Perpinyà?

–No. Sóc de Banyoles.

–No és pas gaire lluny de Perpinyà. I sou pintor?

–No. Sóc lladre d'ofici.

Silenci. Em va mirar als ulls i de sobte va esclatar a riure:

–Com jo! –va dir.

–Com vós? Vós pinteu.

–Sí, però a l'hora de posar el preu als encàrrecs... m'encomani a sant Ferriol.

La veritat és que no sabia si m'estava prenent el pèl o què. Per si de cas, vaig riure una miqueta, amb la boca petita. Aquella mena de riure de qui no sap ben bé cap on ha de tirar.

I llavors em vaig adonar que m'enyorava de tot el que havia abandonat. O potser era la por de l'aventura? El cas és que el que va venir després encara no ho he paït.

Vaig sortir del taller d'en Rigau sense dir adéu i, en comptes de trepitjar un carrer de París de fa molts anys, em vaig trobar trescant per un camí fressat per les roderes de carros i molta olor de palla. «Ai, carai», em vaig dir. I vaig mirar enrere per tornar al taller d'en Rigau, però rere meu només hi havia un camp amb les garberes ben alineades que feia goig. El sol eixia per darrere meu i m'escalfava el clatell; començava a veure'm l'ombra. Davant meu, encara una mica allunyades, les primeres cases d'un poble desconegut; però a un parell de canes, una pagesa guapa perquè sí, mans als malucs, em somreia sorneguera al mig del camí.

–On aneu pel món amb aquest drap al cap?

Instintivament, per no fer el ridícul, vaig voler treure'm el turbant, però en vaig ser incapaç, com si se m'hagués enganxat a la pell.

–On som? –vaig dir a tall de resposta.

–Un altre... –Amb un sospir de paciència:– On voleu que siguem?

–Això és el que us he preguntat.

–Un que també em tracta de vós.

Em vaig atansar a la dona. He de reconèixer que tenia un poder d'atracció extraordinari i que no m'hauria mogut del seu costat.

Vaig mirar enrere, cap al sol que eixia d'un turó una mica apartat, i vaig aspirar amb força!

–Que en feia, de temps, que no sentia aquesta olor de blat acabat de segar!

–Sí, ja. La rosada, l'olor de fems, oi?

Em va fer un gest com convidant-me a fer camí, cap allà on sortia el sol. Llavors vaig sentir unes passes cansades, no gens àgils, que no podia percebre d'on venien. I quasi vaig topar amb un home que havia aparegut de sobte i que em venia de cara. Se'm va posar al davant com si em volgués mostrar la seva camisa de flors, que era francament abominable.

–Acabeu d'arribar? –va dir ansiós.

–Sí. Qui sou? On som?

L'home no va respondre. La suor li regalimava pel front. Se'm va acostar més i a cau d'orella em va dir fins als collons, fins a l'arrel dels collons, amb aquesta calor. I tot, sempre el mateix, m'enteneu?

El vaig veure tan atabalat que l'instint va poder més que la bona educació. Li vaig pispar, netament, un bolígraf de plata que treia el nas per la butxaca de la camisa florida. Ni se'n va assabentar. I tant, que era de plata!

Quan la pagesa em va agafar la mà i amb un gest graciós em va convidar a caminar cap al sol ixent, l'home de la camisa de flors ja havia desaparegut cap a no sé on.

Què voleu que us digui!... M'enyoro. Però aquí no tinc res a fer i sento un alliberament que no sé com expressar. No sé què va abans i què va després perquè el pas del temps se m'ha esfumat. No sé si estic trist o content. Jo, si la pageseta em somriu, me'n vaig cap al Puig dels Ases. I tinc temps per escriure, amb el meu bolígraf de plata de llei, sobre un paper bast i rebregat, tot el que he viscut fins a arribar aquí. Tinc records, els escric, i per això m'enyoro. Estic bé, i recordant els records vells, m'agradaria poder dir nunc dimittis servum tuum, Domine, secundum verbum tuum in pace. Sí, les paraules del vell Simeó, que són una manera fina de dir que ja em puc morir. Però no goso dir-ho en veu alta perquè en el fons no em vull morir; em fa cosa. Visc en dues dimensions? Em sembla que no; però he de reconèixer que no acabo de saber què és abans i què després, i quan rellegeixo el que he escrit no ho acabo d'entendre, com si em fallés la memòria. Això mateix: no sé què és abans i després. Ni sé on és casa meva que dic que enyoro. Però al mateix temps, com si fos el vell Simeó, sento la imperiosa necessitat d'encomanar-me a sant Ferriol i pregar-li que amb la seva bondat deixi marxar el seu humil servent en pau, lluny d'aquest collons de camí fressat i del cony de rostoll humit i la seva flaire, amén. Sento fressa de passes pel camí.

*

–Voleu que us acompanyi cap al Puig dels Ases?

–Què? –va fer l'home del turbant, guardant-se uns papers rebregats a la butxaca.

Ella li va oferir la mà:

–M'hi acompanyeu?

–Oi que ja hi he anat uns quants cops? –Insegur, l'home.– Oi que sí?

Ella va remenar el cap i no va respondre, com si estigués tipa de tanta xerrameca. L'home no se'n va adonar perquè estava mirant, meravellat, el paisatge. I com si li sortís de dins, gairebé sense voler-ho, va exclamar:

–Oh, quina flaire! I quins colors, el sol de llevant!... Si ho veiés en Rigaud...

–És que em feu gràcia amb el vostre sol –va interrompre'l la pagesa amb un deix d'irritació–. El sol que ens rosteix quan llaurem, sembrem, birbem, seguem, garbellem o batem. I que s'amaga rere la boira quan més falta ens fa.

De sobte va mirar l'home i es va posar a riure. Aquella rialla era una veritable cantarella. Ell va agafar la mà que la pagesa li oferia, content de poder passejar amb una dona com aquella. I amb un arravatament poètic va dir vinga, pageseta eixorivida: que el dia és molt llarg i el ciri curteja.

I se'n van anar cap al sol ixent.

El ros va saludar les vuitanta-cinc persones que s'esperaven davant de Palau i que agitaven mecànicament, sense lluïssor als ulls, una bandereta amb els colors patris. Segué al seu lloc, amb la resignació de qui s'instal·la a la cadira elèctrica. Al seient del davant, convenientment allunyat, va seure fent un esbufec el ministre de la Policia, que va fer un copet al vidre del conductor, que sí que conduïa protegit.

–Torna a saludar, vinga –va fer, sec, el ministre de la Policia.

Obedient, mirà al voltant, va somriure mentre les vuitanta-cinc persones l'aclamaven amb joia com a Timoner Màxim i Benefactor del Poble. Llavors, va alçar el braç, coincidint amb el moment que el cotxe arrencava.

–Ben fet.

El ministre de la Policia el mirà i obrí la boca, esverat.

–T'ha caigut la piga! –va dir com si fos una qüestió d'Estat. Ell no li va fer cas i continuà saludant el poble i somrient.– Que t'ha caigut! –va dir, enfurismat, el ministre.

–En un trajecte per les avingudes la gent queda molt lluny, senyor.

–Però la teva obligació és...

El ros va fer un gest perquè callés, es ficà una mà a la butxaca, en tragué una piga artificial i se l'enganxà al lloc precís amb eficiència professional. Li agradava fer enfadar el ministre de la Policia; els unia el destí, ja que, malgrat el fred o les amenaces del Front Popular, el Timoner Màxim i Benefactor del Poble, gallard, valent, mai no havia de variar el seu costum de passejar i desplaçar-se amb cotxe oficial descobert. Si em deixessin fer...

Va escoltar amb esperit crític el discurs del Timoner Màxim i Benefactor. Farcit de llocs comuns, repetitiu, sense cap mena d'interès. Des del seu amagatall podia observar les reaccions del Poble; fins i tot els de la primera fila dissimulaven malament els badalls. Si em deixessin fer.

–Jo no ho diria així, senyor.

–Què no diries així?

–Que les calamitats de la naturalesa són una prova que Déu imposa als pobles per saber si són mereixedors del seu destí. No sé qui ho redacta, això.

–És bonic.

–És fals, senyor.

–I què?

–Com que i què? És fals!

–Compte amb el que dius.

–Nosaltres treballem molt per aconseguir que les calamitats de la naturalesa no facin tants estralls i perquè les conseqüències nefastes d'aquestes inundacions quedin pal·liades en poques setmanes.

–Què vol dir pal·liades?

–Disminuïdes, arreglades, superades. I per això treballo nit i dia; i per això no em permeto ni un moment de descans, perquè vull el bé per a tots els súbdits. Per a tots!

El ministre de la Policia apuntà alguna cosa en una llibreteta mentre, amb el seu seguici de cinc automòbils blindats, tornaven a Palau.

–Au, saluda una mica la gent.

–Jo hauria anat a plorar davant de les barraques, envoltat de fotògrafs, i hauria agafat en braços una nena bruta i pixada i hauria somrigut paternalment a càmera. Senyor.

Havent dit això, va saludar, satisfet, els pobres súbdits que l'aclamaven amb fervor. I tornà a sentir la picoreta al clatell, com cada vegada que es recordava que el Front Popular li havia reservat una bala de plata.

Un cop a Palau, a la seva cambra, es va treure la piga, la desà curosament i es deixà caure, fatigat, a la butaca. Quan començava a relaxar-se, va sonar la campaneta. Mirà el quadre: menjador. Ja era l'hora?

A baix, a l'annex del menjador, supervisat pel cap de Protocol, va tastar, davant del notari, la sopa (boníssima) i la salsa imprecisa que va resultar que feia gust de peix.

–Tot bé, senyor –va dir.

El cambrer agafà els plats, demanà permís amb la mirada al cap de Protocol, li van obrir la porta i entrà al gran menjador on aquell vespre només hi havia una convidada especial. Des de l'annex encara van tenir temps de sentir l'ominós silenci del Timoner Màxim quan una veu femenina, decidida i sensual, va preguntar com s'ho faria el govern per costejar les reparacions de les darreres tempestes si feia poc que havien anunciat que no pagarien creditors estrangers per falta de liquiditat estatal.

–Eh, excel·lència?

–Amb majúscula.

–Perdoni?

–Excel·lència.

–Ah! Eh, Excel·lència?

–Molt bé. –Pausa llarguíssima.– Quina era la pregunta?

El cap de Protocol va tancar suaument la porta que separava l'annex del menjador.

El ros, en veu baixa perquè no el sentissin des del menjador, no es va poder estar de dir si em permet, senyor, disposaré un pla estructural de serveis amb fons reservats a partir dels beneficis dels dotze bancs nacionals i de tots els internacionals que operen al país.

–Què has dit? –El cap de Protocol, també en veu baixa.

–No res, senyor: si la banca té beneficis sense haver fet inversions, els obligaré a ajudar el país.

De l'altre cantó de la porta arribava un silenci massa espès. I després un aïllat eh, Excel·lència? Té resposta?

A l'annex, el cap de Protocol va reconèixer de mala gana que és una bona idea això que has dit. El mirà a la cara i de seguida s'esverà:

–Eh! Que la piga l'has de dur sempre, carallot! –Amoïnat:– Ja deia jo que veia una cosa estranya!

Es va prohibir l'entrada al país de cap exemplar de l'*Observer* perquè l'enemiga de la Pàtria, la periodista Caroline Bryan, havia volgut posar en ridícul Sa Excel·lència tractant-lo d'incapaç i d'inútil i afirmant que semblava més un ninot autòmat que no un cap d'Estat i que...

–He dit que la facin afusellar.

–Però Excel·lència!... Viu a Minnesota!

–On és, això?

–A Amèrica.

–Doncs que l'afusellin a Minnesota, a mi què m'expliques? Un comando. No vull deixar passar un greuge tan profund al nostre país, perquè quan em ridiculitzen, ridiculitzen tota la Pàtria.

–Sí, Excel·lència. Un comando.

Aquella nit, el ministre de la Policia i el cap de Protocol van convocar tres ministres més i els van exposar la seva idea esbojarrada.

–És una idea esbojarrada –va concloure un dels ministres.

–Això ja ho havíem dit nosaltres. Però és que aquesta setmana ha convocat dues entrevistes més per donar a conèixer els avenços de la Pàtria en...

–Qui ve a entrevistar-lo?

–*La Repubblica* i *Der Spiegel.*

–Déu meu.

–Sí.

Van guardar silenci una bona estona. Fins que un dels ministres va dir i només hi veieu aquesta solució?

–És urgent. Sa Excel·lència ha perdut molt, darrerament.

–Això ja ho sabem.

–Però ens la juguem si...

–Ens la juguem si no aturem aquesta borratxera que li ha agafat amb la premsa estrangera. Ja no hi toca, cony. Que ja no hi toca!

–Psí.

Va sentir un vinga!, però va trigar uns segons a adonar-se del que passava. Dos ministres als peus del seu llit; com collons havien entrat si ell havia tancat amb clau i...

–Vinga, ros! –va repetir el ministre de l'Exèrcit–: D'aquí a cinc minuts, vestit i clenxinat. I amb la piga.

–Quina roba em...

–És igual. Abriga't que fa fred. I la piga.

Davant de set ministres va sentir quin era el problema i van dir-li que sabien perfectament que ell ho havia detectat feia temps.

–I què he de...

–Presentar-te tu a les entrevistes.

–I sa excel·lència què dirà, senyor?

–Amb majúscula, si us plau.

–Què dirà Sa Excel·lència, senyor?

–Això no és el teu problema.

–I... puc inventar-me coses?

–Aplica la lògica.

–Jo no sé què han decidit en Consell de Ministres, senyor.

–Demà a les nou, la primera entrevista.

Algú va deixar caure un dossier davant seu i va dir amb això en tindràs prou per inventar-te un bon discurs. Que sabem que en saps.

–I si dic que no?

–T'afusellaré jo en persona. M'has entès, ros?

A les nou del matí, amb la piga al seu lloc de la galta, escoltava l'intèrpret que li traslladava la primera pregunta del cap de Política de *La Repubblica*. I va aplicar la lògica en la resposta. I va trobar divertit inventar-se afirmacions que no duien enlloc però que tampoc no el perjudicaven i probablement tampoc no perjudicaven ni el règim ni la figura del Timoner. Era arriscat però divertit. Després de tant de temps de presentar el clatell al Front Popular, li anava bé una mica de diversió. Que què?

–Sembla que Sa Excel·lència té les idees molt clares.

–Claríssimes, estimat Saverio, si em permet la confiança d'usar el nom de...

–Només faltaria, excel·lència.

–Amb majúscula, si us plau.

–I tant, perdó, Excel·lència.

Sí, era divertit. Tot i saber que el Consell de Ministres en ple seguia l'entrevista des de la sala d'espionatge. No es van ni molestar a informar el Timoner Màxim i Benefactor del Poble; es van limitar a deixar-lo ben ocupat jugant a golf amb dos dels seus ídols més preuats i admirats, que, a més, es van entretenir a ensenyar-li secrets reservats només als golfistes professionals i d'alt nivell.

Quan el Timoner va llegir el reportatge on ell es feia amo de l'entrevista, i les tres magnífiques fotos ho corroboraven, es va mostrar admirat de com havia anat de bé aquella entrevista, tot i que estava tan enfeinat servint la Pàtria que ni me'n recordo gaire. Quan dius que va ser, això?

Van passar els dies i les setmanes. Fins que va arribar l'acte protocol·lari més important de la temporada: el «Discurs de l'estat de la Pàtria», on el Timoner Màxim solia llegir un seguit d'assoliments reals o inventats i on assegurava que anem més bé que mai i som l'enveja del món. Aprofitant que, de manera minuciosament preparada, el Timoner hores abans va haver de fer llit per una oportuna febre altíssima, el Consell de Ministres no en va informar ningú llevat dels estrictament necessaris, i no va desconvocar l'acte.

El discurs, per primer cop a la història de la Pàtria no llegit sinó parlat i raonat, va ser un èxit per al règim. Encara aplaudeixen. El Timoner, clarivident, ferm, tenaç, intel·ligent, expressiu, simpàtic i tot, amb un lleu toc d'humor en alguns moments, d'ironia i fins i tot de sarcasme en altres, va parlar per primer cop a pit descobert, a l'estadi, oferint amb valentia el rostre als esbirros del Front Popular. El resultat va ser tan notablement positiu que va costar poc convèncer els ministres reticents que la millor manera de tenir el ros ben informat i de primera mà era que assistís al Consell de Ministres. Que callés i escoltés. Amb la piga posada. I si hi havia d'haver fotos, que el presidís per uns instants.

–I el Timoner Màxim i Benefactor del Poble, senyor? –va respondre el ros, esverat.

–No n'has de fer res, dels detalls.

El país, no, però el règim va prosperar fins al punt que les enquestes gairebé no havien de fer trampes per situar el Timoner en una posició envejable de popularitat. I l'economia va fer una acceleració esperançadora. I la gent somreia. I tothom era feliç llevat del Timoner etcètera.

–Amb majúscula.

–Del Timoner Etcètera.

–Això és intolerable! Qui és, aquest intrús?

–Excel·lència: ho fem pel bé del país, pel bé del règim, pel bé de la vostra persona. Mireu, mireu com han pujat la vostra popularitat i la vostra estima entre el poble.

–El poble m'importa una merda.

–Això no ho pot dir mai, un Timoner.

–Tens raó: m'importa mitja merda. D'acord?

–Us he de deixar, Excel·lència. I si us voleu entretenir, aquí hi ha l'informe de l'arrencada econòmica.

–I m'ho he de creure.

–Sí. Ara, sí. Abans, no, però ara sí: les dades són certes. I tot gràcies al Timoner Màxim! Gràcies al vostre sacrifici. Gràcies a...

–Aneu tots a cagar.

I van anar tots a cagar. Alguns, de satisfacció; el Timoner, de ràbia. Fins que va sorgir un problema:

–Què has dit, ros?

–Que estic preocupat per la meva seguretat.

–Per què?

–Perquè els del Front Popular em volen eliminar.

–No ho faran; bé que ho saps, tu. Quants anys has parat la galta i no ha passat res?

–S'hi poden posar en qualsevol moment. Sobretot quan les coses van bé. No vull fer servir el cotxe oficial descobert: només cotxes blindats i prou.

–Està anunciat el desplaçament del Timoner fins a les Tres Ciutats i hi aniràs. I amb cotxe descobert. No és hora de mostrar-nos porucs.

–Però...

–Permís denegat.

–No hi aniré.

–T'afusellarem, ja ho saps.

–Com vulgui, senyor. Però els deixaré amb un bon pollastre. Senyors.

–No ens ho pots fer, ros.

–I tant, que puc, senyor. Però hi ha una solució barata i senzilla.

–Quina? –van dir alhora els sis ministres presents.

–Saludeu el poble amb la mà, Excel·lència.

–Ho faré quan em roti.

–O saludeu el poble o us liquido aquí mateix.

–Així estem?

–Així, Excel·lència.

–I de què parlarà, l'impostor, avui?

–El Timoner Màxim i Benefactor del Poble avui, a

les Tres Ciutats, omplirà els nostres cors d'esperança en la Pàtria i en la feina incansable del govern i del seu dirigent.

–Oh, que bonic. Però per què hem d'anar amb cotxe descobert? És perillós!

–Sempre ho heu volgut així, Excel·lència.

–Et dic que és perillós!

–No es poden canviar els costums d'un dia per l'altre, Excel·lència. Sempre ho hem fet així.

–Sí, però jo no era dins d'aquest cotxe descobert! Que no te n'adones?

–Saludeu amb la mà dreta!

–Sempre ho he fet amb l'esquerra!

–Doncs fa temps que es fa amb la dreta! Us haureu de començar a acostumar a la nova feina, excel·lència.

–Amb majúscula!

–Em temo que ja no, excel·lència.

I en aquell moment, des d'un fusell de precisió que treia el nas per una finestra de l'edifici alt i fosc, la bala de plata va sortir escopida cap al clatell del Timoner amb tanta exactitud que el ros es va quedar sense feina.

PUNT DE FUGA

> No vull conèixer els pintors
> dels quadres que adquireixo;
> segur que em decebrien.
>
> J. G.

Epíleg

Va accedir a la Sala d'Exposicions de la Fundació fent un esforç titànic per superar el pànic que algú el reconegués i es posés a cridar esgarrifat. En aquella hora no hi havia gaires visitants i en certa manera es va estranyar que ningú no li fes cas ni l'assenyalés amb un dit acusador. A la taula de recepció, regentada per una dona amb una cabellera d'un ros violent, comprà el luxós catàleg i el fullejà amb deteniment. Tres-centes setze obres d'èpoques diverses i de valoració en general alta o altíssima. Mai, fins a aquell esdeveniment, no s'havia mostrat sencera la col·lecció de J. G. Sempre s'havia fet d'una manera calculadament limitada.

El catàleg no explicava que la família (de fet, un cosí imprecís que va sorgir de la boira però que va resultar ser el familiar més proper) havia organitzat l'exposició amb la intenció de vendre'n una part per tal de poder fer front a les despeses de l'acceptació de l'herència. Això ho sabia molt poca gent.

Després d'unes hores de contemplació pausada, els peus li feien un mal terrible i estava segur que les cames se li havien inflat exageradament. Assegut en un dels bancs de la sala III mirava una mica desesmat cap a les sis obres penjades a la paret del davant, que de tant en tant desapareixien perquè algun visitant s'hi posava al davant: un Chagall preciós, un Barceló immens, d'aire africà, un Millet i un autoretrat de dona al carbó, que era l'únic dibuix de la col·lecció J. G. i que a més era de les poques obres que s'allunyaven de la temàtica del paisatge. Posats a ser llepafils, trobava a faltar més obra contemporània. Però tot plegat, una col·lecció magnífica, impensable, inesperada. Va sospirar. Com li hauria agradat no haver de ser allà! Com li hauria agradat que aquella exposició no s'hagués hagut de fer mai!

Assegut davant d'aquelles obres, va deixar lliure la memòria i li va venir al cap l'enterrament de J. G. Aquell dia havia tornat a casa amb una sensació vital d'impotència, de desorientació, de preguntar-se i ara què, i per què tot plegat. Aquell dia, en treure's l'americana de mudar, d'esma va palpar les butxaques. En una hi tenia uns papers. Eren tres recordatoris dels últims funerals a què havia assistit. De seguida va concloure que aquella americana només se la posava per als funerals. I després, per més greu que li sabés, oblidava els morts a la butxaca. Ho va trobar imperdonable. No t'oblidarem mai, estimat difunt. Fins que arribarà un dia que la capa de pintura del temps haurà anat fent més lleus les ferides i més llunyà el dolor. Llevat del Gran Dolor que era la seva vida: hi ha morts que fan molta pena però que només són morts i, si estàs abonat al dolor, hi ha els morts que no s'obliden mai. I cada nit d'insomni era la constatació que a les víctimes de l'Aflicció no els era permès el consol.

No va poder assistir ni a l'enterrament de J. G. ni a la cerimònia fúnebre posterior perquè aquells dies havia programat un viatge ineludible. Però va llegir els diaris que va poder per assabentar-se dels detalls de la inesperada i tràgica mort de J. G. No li va costar reconèixer que es podia sentir responsable de l'oblit en què cauria a partir d'aquell dia el pobre J. G., perdut en moltes butxaques d'americanes. Però no aconseguí sentir-se culpable de la seva mort malgrat que havia estat ell qui l'havia cosit a trets.

1

Quan encara era viu, J. G. acostà el nas al dibuix, com si volgués olorar-ne el paper. Es va estar potser deu minuts en silenci davant l'autoretrat de Sara Voltes-Epstein. Molt més vigorós i profund del que havia percebut en la foto que la tal Nina li havia enviat des de l'iPhone. Molt millor. Davant del dibuix començà a acostar-s'hi. Quasi no va sentir rere seu la veu del galerista que deia sap de qui és, el quadret del fons? S'acostà més al dibuix; tant, que li semblava que vivia la sensació de ser-hi a dins. L'artista davant del mirall, evitant mirar-se als ulls, mentre feia anar el carbonet amb una precisió màgica, no tenint pietat de les petites arrugues que s'havia guanyat a pols i que no enlletgien aquell rostre aparentment plàcid. Va sentir fressa a l'altre cantó de la porta tancada del seu estudi i va apartar-se del mirall com si li fes vergonya que l'enxampessin mirant-s'hi tanta estona. I tot això davant la mirada atònita de J. G.

–Surto un moment –va sentir que deia una veu.

–Molt bé. –I ella va tornar a estudiar-se al mirall.

Aleshores, com si li hagués vingut un rampell, començà a dibuixar el quadret de Mignon que apareixia al mirall, al seu costat, però al fons de la composició. Un quadret a la paret que fins llavors no existia al paper, i que donava profunditat al retrat. Les gardènies grogues de Mignon es van convertir en grises i blanques... Quina llàstima. Tot per la profunditat.

J. G., fent un esforç, sortí del dibuix.

–Aquest quadret del fons, sap de qui és? –va repetir el galerista mentre ell continuava embadalit i torbat davant del dibuix.

–És un Mignon –va dir en veu baixa.

Al cap d'un minut de silenci immòbil, en J. G. va acostar el nas a la signatura, com si en volgués flairar l'aroma. Mil nou-cents noranta-sis, va llegir. I de sobte es va sentir un altre cop dins del dibuix, a l'estudi de l'artista, que era al costat d'un home que li deia no ho retoquis més, estimada: és fantàstic. I tots dos es van tombar com si ara copsessin la seva presència. Uns instants de desorientació. I llavors l'home es va acostar a la dona i la va besar. I J. G. va sentir tota l'enveja del món.

El galerista somrigué en veure l'embadaliment de J. G. davant del retrat i, per trencar no sabia ben bé quina mena d'encanteri, va dir no hi ha cap mena de dubte que és autèntic. Prové de la família.

J. G. va trigar a respondre, com si no hi fos; perquè no hi era. Al cap d'una estona llarguíssima, va respirar fondo i sense tombar-se cap al galerista va mastegar:

–Sara Voltes-Epstein no és cap celebritat. –Mirant de dissimular la tremolor:– Per què, aquest preu?

–Perquè amb aquest preu no em durarà ni una setmana, aquí.

–Jo vull olis.

Tots dos homes es van mirar en silenci. El galerista va adonar-se que l'havia cagada; que hauria pogut doblar el preu. Però ja era massa tard.

–Vostè té obra bona. I li he donat l'oportunitat

d'adquirir aquest dibuix pel respecte que li tinc i perquè reconec que fa temps que volia col·laborar amb un col·leccionista com vostè. El preu és... –En veu més baixa:– És una ganga.

La tènue tremolor als ulls de la dona del retrat no la van poder percebre perquè J. G. i el galerista estaven fent esgrima amb les mirades.

–I si em permet –va afegir el galerista–, com que pujarà de valor, li pot servir per negociar adquisicions encara més cares.

–Que n'hi ha, en perspectiva?

–Aviat.

J. G. va tornar a contemplar el dibuix. Va inspirar lentament i, mirant a terra, com si volgués evitar cap altre esguard, va dir me'l quedo.

–Fa ben fet. Estic content. –No va poder evitar de fregar-se les mans, una mica relaxat. De sobte, el va mirar als ulls.– Perdoni: i com sap que el quadret del fons és de Mignon?

–Són unes gardènies d'un groc pàl·lid.

–Però com...

–Abraham Mignon, sí. –I va oferir la mà al galerista. Tots dos homes van encaixar: tracte fet. I totes les llàgrimes que s'havien vessat des del moment que Sara Voltes-Epstein havia acabat el dibuix es van perdre com un grapat de sorra al desert, com sol passar amb les penes i les alegries que envolten les obres quan abandonen l'estudi del pintor i comencen un recorregut ple d'incerteses.

Uns quants dies després, no gaires, quan va arribar la policia, els tres atemorits testimonis es van posar més nerviosos i pensaven hauria d'haver tocat el dos, càsum seula. L'un fumava de manera mecànica i espasmòdica; l'altre, el del cotxe de color clar, s'havia posat l'abric i n'havia apujat les solapes pel taro que feia. I el tercer anava de l'un a l'altre, esverat, i dient és que no m'ho crec, és que no m'ho puc creure, i escridassava el gos, que era qui feia més bondat de tots. Però cap dels tres homes no gosava tornar a acostar-se al cotxàs negre. Aviat van ser tres, els cotxes dels mossos, amb llums blaus, armilles reflectores, ordres amunt i avall i on són els testimonis. Ahà, tingue'ls a punt, que hi vull parlar. I el que manava va ficar el cap per la finestra del xofer del BMW, que tenia el vidre abaixat, hi enfocà la llum de la lot i va dir Déu meu perquè va veure, al seient del darrere, un home fet sang, i al seu costat, arrupida contra l'home, com si hi hagués buscat una protecció inútil, una dona aparentment jove, amb un abric vermellós que a l'origen devia ser de color blanc o beix clar. Tots dos immòbils, a punt per a la foto. I una altra. I una altra foto del tècnic forense. De com els havien quedat les cames, els peus ben plantats al terra del cotxe perquè no havien tingut temps de reaccionar. Nou bales d'un carregador de deu. Cinc per a l'home i quatre per a la dona, però ho hem de corroborar a l'autòpsia. És clar. Penso que és cosa de professionals. M'imagino que sí. Vull saber qui són l'home i la dona. I el xofer. Sí. I els testimonis. Per què eren aquí en aquesta hora i què han vist.

–Miri, senyor.

Un dels tècnics li ensenyava tres casquets de bala que havia agafat amb els guants posats.

–Què?

–És munició antiquada.

–Antiquada de quan?

–De fa trenta anys.

–Com creus que ha anat?

–El xofer ha abaixat el vidre i algú li ha disparat un sol tret i després s'ha abocat cap a dintre i ha descarregat la resta a les dues víctimes del darrere.

–Molta fredor, oi?

–Sí. Professionals. Potser balcànics.

–Per què?

–Per la munició –va fer el ros.

–Ja ho diran els del laboratori.

–M'hi jugo el bigoti que s'han disparat amb una Crvena Zastava dels seixanta.

–Però si mai no has dut bigoti –va fer l'altre inclinant-se cap al xofer i observant-lo. L'home seia, immòbil al seient, amb la seva bala a l'ull esquerre, com una llàgrima de plom. Perquè s'estigués quiet i no emprenyés mentre l'assassí descarregava bilis contra els del darrere. Perquè s'ha de ser... Déu meu, quin... Llavors s'adonà que la pudor venia d'una vomitada que guarnia per fora la porta del xofer, i segur que m'he embrutat els pantalons.

Va incorporar-se fora del cotxe i respirà aire fresc no contaminat ni pels vòmits ni per la mort.

–S'ha de regirar tot l'entorn. Del semàfor en amunt i cap avall. Els marges també. I empremtes al botó de vianants. Si hi ha còmplices, segur que han deixat algun indici. I digueu a aquest cony de testimonis que s'estiguin quiets, que encara ens distorsionaran proves. Sí, ara estic per ells. I aquest què fot? Que no heu tallat la carretera?

J. G. era, fins a la nit aquella que l'havien deixat com un colador en companyia d'una senyora encara no identificada, un home encantador, que vivia de saber-se relacionar ajudat per un patrimoni familiar inesgotable.

–Com sabies que m'agradaria aquell autoretrat de la Voltes-Epstein?

–No ho sabia. Però és molt bo.

–I per què m'has facilitat el contacte amb en Sempau?

–Som amics, ell tenia ganes de conèixer-te i jo també...

J. G. va esperar per si ella volia introduir el tema de les comissions, però la Nina, amb una timidesa encantadora, va fer un gest vague cap al pis de dalt i va dir entre dents em faria una il·lusió immensa poder veure...

–El que vulguis. Estic a la teva disposició. –Rumià uns segons:– T'ensenyaré una nova adquisició –va dir, fregant-se la templa que al cap d'un parell d'hores mal comptades li havien de foradar; com si ja li cogués.

–Què és? –va fer, encuriosida, la Nina.

–Un Chagall.

Ella no va dir res. J. G. no sabia si era perquè tant se li'n donava, perquè només volia lligar o perquè no volia reconèixer que no sabia què volia dir un Chagall.

Va fer-la passar al davant, per l'escala que duia a la segona planta. Sense poder-ho evitar, va observar-li el cul, que es movia amb suavitat mentre pujaven. A dalt, s'avançà per arribar a la porta. Pitjà una contrasenya per neutralitzar un senyal d'alarma, obrí la porta i els llums de la immensa sala es van encendre sols. Parets sense finestres i molts envans que no arribaven al sostre al mig de l'ampla sala que ocupava tota la superfície de la segona planta. Ni un pam de paret buit. I alguns quadres a terra, repenjats a la paret, esperant amb paciència un indret definitiu.

–Increïble –va fer la Nina, meravellada i palplantada.

–Passa, dona.

Un cop dins, la va fer aturar davant de dues obres, un dibuix i un oli, les úniques que no estaven penjades ni repenjades en cap paret sinó oferint-se en un faristol com si encara fossin en una casa de subhastes. La de la dreta, l'autoretrat de la Voltes-Epstein. J. G. l'assenyalà i, fent una petita reverència a la Nina, li va dir gràcies a tu. I llavors es plantà davant l'altra. Un home amb barba que carregava un sac a l'esquena i amb la mà lliure agafava un bastó; i, en comptes de caminar pel carrer nevat, volava per damunt de les teulades fredes del paisatge glaçat de Vítebsk. Van contemplar en silenci aquella meravella. Al cap d'uns minuts, la Nina es va tombar cap a J. G., però tornà a girar el cap, torbada, perquè li havia enxampat dues llàgrimes brillants, encara presoneres dels ulls. Tot un J. G. plorant davant d'una tela, davant d'una meravella. En silenci, tots dos van notar el fred inclement de la planura blanca de Vítebsk. A ell li va agradar que la Nina callés i que es deixés amarar per la pintura. Només per aquesta actitud li va agafar com una mena d'atac de tendresa i li posà una mà a l'espatlla, per acompanyar-la en aquell descobriment.

Van passejar durant una hora llarga i van veure Munch, Vermeer, Urgell, Hopper, Mir, i tants i tants més de no tan coneguts però preciosos, i per uns moments va témer o potser desitjar que aquella dona tan atractiva tingués la sensació de mareig, d'ofec, de rendició que provocava tanta bellesa penjada a les parets. Començava a valorar-la molt més enllà del que preveia. I un altre Mir, un Viladecans, un Corot, i un *Hortus conclusus* de Marc Molins.

Quan es va sentir les cames cansades, la Nina va seure en un dels bancs posats en llocs estratègics; va fer una ganyota, com si estigués mig marejada.

–Com és possible tenir tanta...

–Mira... Només cal dedicar-hi la vida i la fortuna. Però creu-me que em fa feliç.

–És molt més impressionant del que em pensava.

–I què et pensaves?

–Francament... –Va callar com si li costés expressar-se. Fent un esforç, va prosseguir:– No t'ho sé dir. Però això és molt més del que mai no m'hauria imaginat.

–T'agrada... –Era una pregunta tímida, sense entonació.

–És que hi ha tanta bellesa que no sé com... Bellesa contundent, indiscutible. –Va remenar el cap:– Em sap molt de greu, però tinc ganes de plorar.

–Plora, dona. Hi tens tot el dret. –Assenyalà les parets i els quadres:– Ells ho comprendran perfectament.

–Quina enveja que em fas –va dir. I es van estar una estona en silenci, com si estiguessin fent temps, com si volguessin retardar a posta el moment de la mort.

–I a l'exposició de Zuric, què hi mostraràs?

–Trenta-cinc quadres. No: al final, trenta-set.

–Ho fas sovint?

–Cada any en faig dues per ajudar a les despeses de la Fundació: una a Zuric, de curta durada, i l'altra, la de Barcelona, que és estable i la vaig variant de tant en tant. Per compartir el meu fons amb més gent.

–És l'exposició del Museu Municipal?

–L'era; ara ja fa dos anys que exposo a la mateixa Fundació.

–Això vol dir que aquí no hi és tot.

–Ahà.

Silenci. En J. G. mirà cap a una dona abatuda asseguda damunt d'un llit amb flassada vermella, que es negava a mirar el paisatge desolat que li oferia la finestra oberta. Es tombà cap a la Nina.

–Em sap greu no tenir-les totes aquí amb mi, encara que estiguin a la Fundació. Però quan tornen a casa... –el somriure va ser ample– el retrobament és magnífic. I això que les visito d'incògnit mentre estan exposades.

–Tu decideixes què exposes?

–Sí. Em deixo assessorar; però és la meva col·lecció i tinc l'última paraula.

–I l'autoretrat i el Chagall quan...

–Les noves adquisicions s'esperen alguns anys, abans de viatjar. Com el vi a la bóta.

–Vols que tinguin clar que casa seva és aquí.

Ell va somriure i van callar. La Nina encara va fer un parell de voltes per la sala en silenci. Ell no mirava els quadres sinó que la mirava a ella mirant els quadres. Fins que la Nina va dir jo no em mouria d'aquí.

–Jo tampoc.

–Què és això?

Es va aturar en un racó discret de la sala davant d'un faristol que mostrava un paisatge senzill però màgic, il·luminat amb molta cura. Una parella d'esquena a l'observador seguia un camí que s'enfilava entre rostolls cap a un turonet on lluïa el sol ixent.

–Un Millet –va dir ell amb una imperceptible incomoditat.

–*La Paysanne* –va llegir la Nina a l'etiqueta del marc.

–Del 1854.

–Però què és, això?

La Nina assenyalava l'anacrònica figura masculina cofada amb una mena de turbant, caminant cap al sol ixent, i que quasi ocultava la pagesa, com si fos una pintura superposada o...

J. G. va consultar el rellotge, va fer una ganyota i va dir també hem d'alimentar el cos. –Va anar cap a la porta:– T'ho explico en el cotxe.

Quan van tornar a ser a la planta baixa, a peu dret, van prendre alguna cosa; ella ni es va fixar què bevia. Callava, abstreta, pensant en els tresors de dalt, i trigà a adonar-se que l'amfitrió aguantava l'abric beix que li havia de servir de mortalla, a punt perquè ella se'l posés. J. G., mentre l'ajudava a posar-se'l, havia decidit que quan estiguessin sopant li explicaria la versió oficial de la seva vida, i li diria que havia començat arreplegant dibuixos del Cercle de Belles Arts: esbossos rebutjats, esbossos donats, proves d'artista i coses així. Es va negar a matricular-se a cap curs. No vull pintar ni dibuixar, els va declarar. Vull veure dibuixos i pintures com hi ha lectors a qui mai no se'ls acudiria escriure ni una ratlla, m'enteneu? Sí, però com que sempre rondes per aquí i... Doncs ja està dit. Li diria que el que l'havia marcat a fons havia estat adquirir el primer quadre: tenir-lo a casa dia i nit era ser a prop de la felicitat. Amb poc temps, havia reunit una col·lecció modesta i amb unes encertades operacions financeres havia pogut disposar de diners sense entrebancs. Llavors havia començat el veritable turment: mirava, buscava, comprava, regatejava, discutia... I la part més dolorosa: quan tenia l'oportunitat de comprar, però a un preu prohibitiu, havia après a saber desprendre's d'obres que l'havien acompanyat molt de temps però el paper de les quals –llavors se n'adonava– només era el de fer possible que amb el seu valor ajudessin a comprar una joia més valuosa. Quan s'esdevenia això, vivia dies d'eufòria per la nova adquisició i d'angoixa per haver hagut de dir adéu a una pintura que estimava sense reserves. Com pots veure, Nina... –li diria–, una vida sense èpica. Ara, però, ja feia força temps que per comprar no li calia vendre ja que diner crida diner. I li diria que fins i tot havia recomprat uns dibuixos de Ramon Casas i un paisatge boirós de Vancells que l'havia corprès quan el va retrobar casualment en una mostra a Terrassa i que, quan el va tenir a casa un altre cop, li havia jurat de genolls que mai més no se'n desentendria. Preciós. Com és possible pintar el polsim de la boira sobre el paisatge adormit? Com a resum de la seva vida, J. G. acabaria dient-li cinquanta-tres anys fets i encara no sé quina època pictòrica m'agrada més. Aquesta és la meva vida, estimada Nina. Ara explica'm la teva. I amb això ja serien al segon plat. I quan tornés a casa l'endemà, sol, armat de paciència, tornaria a mirar cap al sol ixent del Millet i tal volta podria culminar el somni de la seva vida.

A baix, a l'esplanada de la porta principal, els esperava el xofer amb cara d'avorrit.

–A Barcelona. A can Cortada.

–En aquesta hora? –el xofer, estranyat.

–M'hi esperen –va respondre, sec. I va obrir la porta del darrere perquè la Nina segués on calia per ser crivellada per les quatre bales que li estaven destinades precisament quan arribessin al primer semàfor baixant per l'Arrabassada. Van començar el trajecte en silenci, amb una Nina neguitosa que trigà uns minuts a recordar-li que li havia d'explicar què volia dir aquell anacronisme al suposat quadre de Millet. Ell no va respondre, com si estigués molt atent a la manera de conduir del xofer; o com si li costés entrar en matèria. Fins que va respirar fondo i va dir no et riguis de mi però quan vaig veure per primer cop l'autoretrat de la Voltes-Epstein m'hi vaig ficar a dins.

–Què vol dir m'hi vaig ficar a dins?

–Doncs això. Com voldries que sabés que les gardènies del quadret eren grogues?

–No diguis bestieses, va.

–Hi vaig entrar; parlant amb precisió, hi vaig ficar el cap. I hi havia un home; i tots dos, l'home i la dibuixant, van notar la meva presència.

I al cap d'una estona de silenci, va dir en veu més baixa que amb *La paysanne*...

–Què?

–Doncs que voldria veure-li el rostre.

–Si està d'esquena!

–Per això vull entrar dins del quadre.

Silenci. El cotxe, suau, ben conduït, ajudava a mantenir la calma malgrat els disbarats que es xiuxiuejaven. El que no sabien era que el vehicle s'acostava, dignament, cap a la mort. Llavors la Nina, amb un fil de veu, va dir jo alguna vegada hauria volgut amagar-me dins d'una simfonia de Mahler.

–T'entenc. I tant, que t'entenc. –Silenci, cada cop més a la vora del final. Com si somiés, va continuar parlant, mirant cap endavant:– De vegades només es veu la pagesa.

–Sempre està d'esquena?

–És que no està del tot d'esquena: ni arriba a estar de perfil, just per fer-la més atractiva... I de vegades hi són tots dos, o només es veuen unes taques...

–I no pot sortir del quadre, aquell home?

–No ho sé. Ho vull comprovar jo.

–Em fa por, això que dius.

J. G. va riure i va dir si un dia m'esfumo, busca'm dins dels meus quadres. –Somrient:– Comença per *La Paysanne*, per si de cas.

Li va agafar la mà i li va dir a cau d'orella tens pressa, aquesta nit?

–Fins d'aquí a dos dies no tinc cap compromís.

J. G. es va incorporar i es va dirigir al xofer:

–No ens esperi al restaurant, que és molt tard.

–Com vulgui, però jo...

–Que no, que no. Ens hi deixa i vagi-se'n a casa.

–Gràcies, senyor.

Un parell de revolts més. J. G. va agafar la mà de la Nina i ella el va deixar fer.

–Gràcies per no haver-te rigut de tot el que t'he explicat –va mussitar J. G.

–Riure-me'n? Més aviat em fa angúnia.

–I amagar-te en una simfonia, no te'n fa?

–Em faria por que fos possible. M'estimo més quedar-me amb el somni.

–Jo, no. No puc.

El cotxe alentia perquè arribaven a la zona urbanitzada de Barcelona i el primer semàfor que trobaven es posava vermell en aquell moment. El xofer frenà suaument.

–Totes deu bales han sortit de la mateixa pistola.

–Un professional –va dir per tercera vegada l'oficial.

–Segurament. Molta sang freda. Primer fa aturar el cotxe al semàfor.

–Com?

–Pitjant el botó de vianants.

–I com sabia que baixava aquest cotxe?

–Algú que l'avisa... des d'allà, per exemple.

–Ja heu repassat el turonet?

–Cap rastre; però no pot ser de cap altra manera. I després fa abaixar el vidre al xofer.

–O el duia obert.

–Amb aquest fred és improbable. –Es fregà les mans per donar més pes al seu comentari:– El cas és que, per la raó que sigui, el xofer abaixa el vidre. Llavors li dispara a la cara i després pela els de darrere. Fredament. Calculadament: tots ben morts.

–En dos minuts?

–Menys.

–Algun còmplice esperant-lo per fugir, no?

–És molt probable.

–On són les claus del cotxe?

–Encara no les han trobades. Se les deu haver quedades l'assassí.

–Què diuen els testimonis?

–He sentit uns espetecs sords mentre baixava pel costat de la carretera.

–A peu?

–Sí. Per estirar les cames. Visc a la vora i el metge em diu que cada dia, eh...

–Sí, molt bé. I què ha vist?

–Un cotxe aturat al semàfor en vermell. Res d'estrany.

–Doncs jo he hagut d'aturar el cotxe darrere del BMW negre i de seguida he pensat collons, no badis, que ja tens el verd, babau! I vinga fer-li llums i dir-li no siguis torracollons, que tens verd, i baixo del cotxe fet un obelisc o com es digui, perquè aquestes coses em posen dels nervis i quan veig el conductor així a mitja llum dels fanals i veig que em mira amb cara de pena i li dic hosti, mestre, tires avall o què i llavors m'he fixat que el paio només em mirava amb un ull, un fàstic de collons. Sí, sí. La vomitera és meva; és que..

D'acord, venia una mica marejadet i plaf. Però jo ni l'he tocat, eh? Jo sóc innocent com una daina, no sé si m'explico.

–I diu que a dins hi havia més gent morta? Ah, doncs jo, cap espetec. Venia amb el gos, que sempre faig el tomb quan torno de la feina, m'entén. I paf, un cotxe aturat aquí. No, hi ha poca circulació, en aquesta hora. I qui són, aquests que han pelat? Màfies russes, oi?

–Perdoni, però les preguntes les faig jo.

–Vale, vale, ho he entès.

–O sigui que dels testimonis, res de res.

–Com sempre, sí.

«Brutal assassinat de J. G., conegut filantrop i col·leccionista d'obres d'art. En l'espantós atemptat, perpetrat al primer quilòmetre de la carretera de l'Arrabassada, hi han mort també el xofer de J. G. i una persona encara no identificada.»

–Per què han posat no identificada si sabem que es diu Nina Altet?

–Per donar temps al...

–Al què? –va insistir el ros.

–És una dona casada.

–Era.

–D'acord: era.

–I què que fos casada?

–Que era casada, però no amb J. G.

–Marro.

–Fins ara no han contactat amb el marit.
–Fins ara?
–Estava de viatge.
–Suposo que l'haurem d'escanejar.
–De dalt a baix. Els marits sempre són sospitosos.

Pocs dies després, poca gent va relacionar ni va copsar la diferència entre l'enterrament de J. G., un esdeveniment social a l'altura del protagonista, amb la presència de polítics de la cultura i molta gent del milieu artístic però pràcticament sense familiars propers, i l'enterrament de Maria Altet, coneguda pels amics com a Nina Altet o només Nina. El seu marit, encara amb posat perplex, massa gran per a tanta vitalitat que agombolava la Nina, capcot, que s'hauria estimat més ser ell al lloc de la Nina per no haver de passar aquell tràngol, no saludà pràcticament cap dels pocs presents al sepeli, tots familiars propers llevat dels cinc periodistes adelerats per confegir un reportatge ben contundent. El pobre vidu estava tan aixafat, tan sorprès, tan avergonyit, que hauria desitjat un enterrament sense cap mena de cerimònia per més senzilla que fos, cosa a la qual la família de la difunta s'havia oposat amb energia.

Els van incinerar a la mateixa hora, però l'un a Sant Cugat i l'altra a Barcelona. I amb aquells assassinats es va escapçar d'arrel una quasi segura història d'amor apassionada.

2

Vint-i-cinc anys abans dels funerals simultanis, en Carles va dir vigila, no fotem cagarel·la! –Es mig girà sense deixar el volant:– Eh, eh, deixa-la respirar, animal!

En Carles, fet un sac de nervis, conduïa com un aprenent, més atent al mirall retrovisor que a la circulació. Constantment mirava cap a en Xirgu i el notava encara més neguitós que no pas ell. Bon moment per adonar-se que no era un bon fitxatge.

–Aaai! La malparida...

En retirar la mà per la mossegada, la nena s'havia posat a xisclar.

–Però fes-la callar, collons!

I en Xirgu li va pegar una bufetada com si fos son pare i va dir a callar, em sents, malcriada? I el cotxe es va aturar en un semàfor. Un guàrdia urbà mirà cap al seu cotxe.

–Per l'amor de Déu, que calli o la caguem!

Se li va acudir de posar la ràdio, que, al cap d'uns segons de nervis, va deixar sentir els laments d'una cantaora que es barrejaven amb els xiscles de la malparida. En Carles va mirar cap al guàrdia i va somriure. En aquell moment van deixar de sentir-se les protestes de la nena.

–Ara no me l'ofeguis.

–Vinga, que tens verd, hòstia, estigues per la feina!

Era la primera vegada que raptaven una nena i havia estat extraordinàriament senzill. En el moment que sortia del col·legi, envoltada de nenes de totes les edats que anaven cap als autocars, tots dos van passar entremig de la corrua com si tinguessin pressa i la'n van fer apartar d'una manera suau però ferma, i la nena, quasi sense adonar-se'n, va veure com s'havia quedat tota sola a la cantonada del col·legi. Sola. No: acompanyada de dos desconeguts. I abans que pogués calcular què passava l'havien ficada en un cotxe, al darrere, amb un dels homes aixafant-la i posant-li la mà a la boca com si volgués invitar-la a mossegar-l'hi i el cotxe va arrencar massa bruscament i al cap de dos o tres minuts es van adonar que no era tan fàcil raptar nenes i ell va dir allò de vigila, no fotem cagarel·la.

El suplici es va acabar quan van arribar a l'amagatall perfecte, pensat per al segrest perfecte. En Carles va baixar del cotxe, alçà la persiana metàl·lica, tornà al cotxe, el féu entrar i el va deixar al pati interior. Tornà enrere per abaixar la persiana que donava al carrer i passà un forrellat per dins. Ara tocava el segon punt del pla perfecte. Però no comptaven amb plans B.

–Ostres, ostres, ostres, ostres –deia en Xirgu dins del cotxe.

–No cridis! Què passa?

En Carles va obrir la porta del cotxe i va veure com en Xirgu pegava bufetades a la galta de la nena. Ei, fes el favor de respirar!

En Carles va tibar la nena per les cames i la va

ajeure al mig del pati. Va començar un boca a boca imperfecte, acompanyat de gestos inútils, mentre en Xirgu es posava les mans a la cara i deia mecàsun la mare que ens va parir a tots. Jo me'n vaig.

En Carles es va aixecar com una fletxa, el va agafar pel coll i li va dir tu et quedes si no vols que et mati. I ara mirem de salvar-la.

–Si s'està posant morada, que no ho veus?

Van estar uns quants minuts bufant, pegant, renegant i desesperant-se. Fins que en Carles, damunt la nena, impotent, es va estar uns llarguíssims segons preguntant-se per què les coses li anaven tan malament ara que tenia la solució per posar ordre d'una puta vegada al merder en què s'havia convertit la seva vida. De sobte, va aixecar-se i va dir continuem com si no passés res.

–Estàs boig.

–Vols cobrar o no?

–És clar.

–Doncs fes el que et dic.

I el que li deia era que calia seguir amb el pla: havien de telefonar de seguida a la família per evitar que es posessin en contacte amb la policia.

–Vés a la cabina, truques i dius el que has de dir.

–Si és morta! –desencaixat, en Xirgu. En Carles el va sacsejar agafant-lo per les espatlles i li cridà a l'orella:

–Però ells no ho saben! I estigues tranquil. –En veu més baixa:– Ja no podem fer-nos enrere, m'entens?

Silenci, al mig del pati, dos homes desesperats al costat d'una nena morta. En Carles va treure forces d'on no sabia i va dir en veu baixa però ferma:

–I que la pasta la porti la senyora; fins a l'última pesseta o matem la nena.

–Espera, espera, espera.

–Espero.

–A veure: i si deixem la nena aquí, fugim i aquí no ha passat res?

–Quan la trobin, aniran a visitar el teu cunyat i li preguntaran què hi fa un cadà...

–Sí, és clar, sí. D'acord. Però no m'atreveixo a trucar.

–No està bé canviar els plans.

–Si s'ha mort, els plans han canviat.

–No cridis.

–No crido.

–Calla, que penso.

Tantes putes hores preparant el segrest, mirant que no s'escapés cap fil, i ara tot eren filagarses. Per què, senyor, per què m'ha de passar tot a mi?

–D'acord: jo truco als pares –va decidir, resignat, en Carles–. Dóna'm el paper. Però tu t'has d'endur... això. –No va gosar assenyalar el cos de la nena.– On... –Silenci desagradable, dels de mai no hauria volgut que això acabés així:– Un abocador?

Tots dos callats. Lluny, una sirena de bombers corria adelerada en cerca de flames. En Xirgu va respirar fondo:

–No. Sé el lloc. M'hauràs d'ajudar: quan es faci fosc.

Que tot es posés en marxa era un consol. En Carles va anar a la cabina de la placeta, va trucar als pares i els va dir que la nena havia estat segrestada i que estava bé. Que què? No, de cap manera: està bé. Ai, polles! Doncs perquè l'hi dic jo, senyora! I a més els va advertir que els observaven i que si veien algun moviment sospitós de la policia llavors sí que la matarem, m'ha entès, senyora? I les instruccions. I que quedi clar que no la volem matar: només volem tantes pessetes en bitllets variats. D'acord? Vinga, molta atenció: hora i lloc. I va penjar. I quan tornava al garatge va tenir la sensació d'inseguretat més terrible del món perquè sempre li estaven passant coses dolentes que li complicaven la vida tan plena de deutes i de merders a mig solucionar i... És un miracle que la Rosa visqui als núvols. Em fondria si ella arribés a saber que...

–S'ha despertat? –va dir en arribar.

–És morta, col·lega, és morta, m'entens? Saps què vol dir, morta?

–No em diguis col·lega.

–Com vulguis: però això no ens la ressuscitarà.

Unes hores més tard en Carles pensava jo no sé per què m'ha de passar tot a mi. Estic farcit de bitllets. Duc milers de pessetes per tot el vestit, els camals i la cintura, que fot una calda de por. He hagut de perdre mitja hora per convèncer la Rosa que soparia fora i que potser no vindria ni a dormir, que la feina em matava; i ella feta una fúria, que he estat a punt de dir-li no saps amb qui estàs parlant. I ella m'hauria dit, així, desafiadora: amb qui estic parlant, amb un pelacanyes desgraciat? I jo, no, reina: estàs parlant amb un assassí de nenes. I a la gasolinera vinga esperar ara que tenia diners per pagar. Feia mesos que no agafava el cotxe perquè no en tenia ni per a un petricó de benzina. I encara sort que se m'ha engegat. Hòstia, però que no veuen que tinc pressa, que he d'agafar un vol cap a Suïssa? Jo em moriré d'ànsia; un dia em moriré d'ànsia. Per què no et calmes, si ja tens els diners; ara a tapar forats i mirar de no ficar-te mai més en un embolic; arribar a casa a mitja tarda, baixar a fer unes olivetes a ca la Isabel, un sopar lleuger i anar a dormir d'hora. Però sempre hi ha d'haver coses; en Xirgu, que havia de ser un soldat de primera, va i em mata la nena; ei, accident, res d'assassinat; però el molt estúpid me la mata. I vinga improvisar. I jo que faig tard, fixa't que tinc tots els diners del món i perdré l'avió per culpa de la cua de la gasolinera del carrer d'Aragó.

Va carregar de benzina fins dalt com no recordava haver-ho fet mai. I va enfilar cap a l'aeroport del Prat. Pel camí es va perdre perquè la senyalització és una merda. I quan va fer aquell gir de cent vuitanta graus, al cap de deu segons apareix una moto de la poli, i jo vaig pensar, ja està, millor que et llancis daltabaix del pont del Llobregat amb tots els diners i descansaràs en puta pau. Però el pasma va passar de llarg, i al cap de cinc segons, el seu company. Suor freda. M'agradaria ser a Suïssa, a dins de la Banque, un cop ingressats els diners.

–I per què no els podem tenir ara?

–Els has vist; els has comptat; saps el que tenim i saps que ens ho repartirem meitat i meitat.

–Però si tu te'n vas amb els diners...

–Collons, que hem de deixar passar uns mesos, per si els bitllets estan marcats o què sé jo.

–Què sé jo?

–Ho vaig veure en una pel·li: un marge de seguretat.

–Dóna-me'n la meitat i et juro que no els tocaré fins que no m'ho diguis.

–Xirgu.

–Què.

–Eh que vam quedar que el pla era aquest?

–Sí, però... quan veus tants diners i...

–Confies en mi?

–No.

–Vés a cagar!

En Xirgu no va anar a cagar, però es va haver de resignar a esperar tres mesos abans de cobrar íntegra la seva part malgrat la badada de la nena. Al capdavall ell l'havia matada: bé, se li havia mort a ell; o no: havia tingut un accident a les seves mans. O millor: és que la malparida li havia clavat les dents a la mà, sí. Com fos, ara no tenia gaire força per protestar.

Com que les coses havien anat com havien anat, van decidir que no es veurien fins al cap de tres mesos justos. I si no véns amb els calés, et mato, va dir en Xirgu. Hi tindries tot el dret, va respondre en Carles. A l'aeroport va fixar-se massa poc en el flamant mural de Miró que encara no havia vist al natural perquè la seva vida no estava marcada pels aeroports. I tenia altres mals d'estómac per fixar-se en aquella paret de colors, que es pensava que era en blanc i negre. Entre deixar el cotxe ben aparcat i tot plegat, va pensar, l'avió ja devia ser damunt dels Pirineus. Consultà el bitllet i va veure que feia estona que havia tocat l'hora d'embarcar. I encara va perdre vint minuts perquè no sabia que s'havia d'agafar una targeta d'embarcament. Suava pel vestit folrat de bitllets que portava i suava perquè tot era nou per a ell i també es preguntava, estranyat, que com era que encara no li havia agafat cap infart.

–Ho sento, senyor, però el vol està tancat.

–Però si jo...

Va desistir de discutir amb aquella hostessa de Swissair perquè li feia l'efecte que qualsevol discussió que el posés en evidència, embotit com estava de bitllets grossos, era altament perillosa. Amb la targeta d'embarcament a la mà es va sentir ridícul. La va deixar sobre el taulell, com si li cremés a les mans, i va girar cua per evitar que aquella dona es fixés massa en la seva fesomia de còmplice d'un assassí de nenes. Perquè que quedi clar que jo no la vaig matar; jo només conduïa.

Va ser mentre es bevia una cervesa pagada amb un bitllet de cent pessetes que s'havia tret literalment de la màniga quan va percebre que passava alguna cosa molt grossa a l'aeroport. I ell encara no s'havia empescat cap pla alternatiu.

Cinc dies més tard, la Rosa va dir què? És que no ho he acabat d'entendre.

–Que el seu marit és a la llista de passatgers de l'avió.

–Això ja ho he entès; però de quin avió em parla?

–El que va caure al mar fa cinc dies.

–El meu marit no ha agafat cap... –Silenci, a peu dret mirant la paret empaperada del corredor, el telèfon agafat ben fort com si tingués por que se li escapés de les mans.– Com ho saben?

–El seu nom consta a les llistes de passatgers.

–Però si...

–Digui'm.

–No, no: continuï.

–Que no l'ha trobat a faltar? –La Rosa no hi va saber percebre cap deix d'ironia.

–És que sovint passa dies fora per la feina.

El que no li va detallar és que, cada cop més, s'absentava sense avisar i tornava fet un sac de nervis i sense ganes d'obrir boca.

Després de respondre un reguitzell de preguntes més de manera molt mecànica, la van citar a les oficines de la companyia i va penjar. En Carles havia agafat un avió cap a no sé on sense dir-me'n res. Per això no tornava, perquè se l'estaven menjant els peixos. En Carles i els seus misteris. En Carles dient és que la feina em mata i jo sense preguntar-li quina feina, Carles, per què et mata, perquè feia temps que ni es besaven i li costava mirar-lo als ulls. Què hi anava a fer, a Zuric? Per què feia mesos que estava més histèric que de costum?

A les oficines li van confirmar cara a cara, prèvia identificació, que ho lamentaven molt, que l'acompanyaven en el sentiment i que la companyia es fa càrrec de la indemnització per accident, sí, de la qual veig que vostè és la beneficiària única. I ella callada perquè en el fons pensava quan torni a casa i tingui el menjar a taula arribarà en Carles i posarà mala cara perquè no li hauré preparat res i l'infern continuarà essent el mateix d'abans d'esfumar-se. I estic tan cansada que tot plegat ni m'alegra ni em fa plorar.

Al cap d'un parell de dies de mirar des de darrere el vidre cap al carrer sense pensar en res o pensant quina vida més estranya que he tingut, la Rosa es va alçar, les mans als malucs, i es disposà a regirar de manera sistemàtica les coses d'en Carles; de seguida li va fer l'efecte que estava remenant coses d'un desconegut. Papers, notes il·legibles, una foto rebregada d'ella feia uns quants anys, acabats de casar, amb el vestit de puntets blaus que en blanc i negre semblava molt més trist del que era; res. Tot massa anodí, sense vida. Com si en Carles, a casa, no hi aboqués la seva vida. I la roba, i els mitjons: els va desembolicar un per un perquè buscava... Això mateix! La clau.

Encara que ell no sabia que ella ho sabés, ella sabia on tenia un despatxet minúscul on guardava la paperassa que no volia guardar a casa. Va ser en aquella època que es va establir pel seu compte com a representant per a diverses empreses i li va dir Rosa (una mica emfàticament), a partir d'ara em mouré molt, entrant i sortint, viatjant, fent feina. I mai no et faltarà la paga a final de mes: només em quedaré la quantitat justa per a despeses. Confia en mi.

En aquella època, la Rosa encara hi mig confiava i, per tant, hi va mig confiar, i certament mai no li va faltar la paga per tirar endavant la casa i fer un racó per comprar-se alguna cosa per a ella. El que no sabia era si realment el que ell es quedava era només per a despeses o què. Mai no va saber què cobrava en Carles. I mai no va gosar preguntar-l'hi. I a poc a poc, paga a paga, es van anar distanciant fins que un dia, sense dir-li ni ase ni bèstia, es va estimbar a tres milles nàutiques de Barcelona amb un avió que volia anar a Zuric.

La clau: durant un dia sencer va estar escorcollant el despatxet minúscul on accedia per primer cop. I, sense acabar-ho d'entendre del tot, va assabentar-se que estava ficat en uns quants embolics d'impagaments, amb citacions policials i amenaces d'embargament i... Carles, qui eres? I no va trobar cap rastre d'una possible amant. Només un mot, xirgu, que apareixia de tant en tant, amb un interrogant, un signe d'admiració o pelat. Xirgu?, xirgu!, xirgu. Què vol dir xirgu, Carles?

Ho va posar en mans d'un advocat perquè ho netegés tot, encara que calgués polir-se els diners de la indemnització. I va buscar feina.

La Rosa no va poder enterrar el seu home perquè era impossible el rescat de l'avió en una zona tan profunda. Ni va poder fer un funeral com Déu mana perquè no tenia família a qui pogués comunicar la mala nova. Ni va plorar la mort d'en Carles perquè no li sortien les llàgrimes per la mort d'un marit que havia dut una doble vida i havia mort a traïció. I va pensar que no se li acudeixi de tornar des del fons del mar perquè el trauria a bufetades de casa: els morts amb els morts i, com a molt, en el record. I a tu no t'enyoro, Carles, que m'has esquerdat i m'has amargat la vida fins al punt que no he tingut esma per plorar-te.

Fins que un dia, quan es commemorava el segon aniversari de l'accident, un home petit, prim i nerviós, de cabells negres i espessos, que es va presentar com a Apel·les Xirgu, exsoci d'en Carles, va seure a la butaca on ella es passava hores rumiant, i li va dir he fet investigar el cas i...

–Xirgu?

–Sí. Apel·les Xirgu.

–Xirgu... –va fer ella, com si vingués de molt lluny.

–Com li deia, he fet investigar el cas i...

–Quin cas?

–La mort del seu marit.

–Ah. –Cansada, cansadíssima:– El pilot no tenia carnet de conduir?

–El seu marit no era entre les víctimes.

–Que ha baixat a comptar-los?

–No. Hem trobat la seva targeta d'embarcament sencera.

Ella, cansada, mirà pel vidre del balcó.

–De què eren socis?

–De coses. No li havia parlat mai de mi?

–No.

Es veu que Xirgu era un cognom. Com la Xirgu, és clar.

–Vull saber on s'amaga.

–I per què s'hauria d'amagar, si és mort?

En Xirgu, nerviós, s'allisà els cabells i no va respondre res. Ella va burxar:

–Per què no va a la policia amb aquesta història?

–Tinc les meves raons per no fer-ho. On s'amaga? Com li passa els diners?

–Quins diners?

–Vigili que, si es nega a col·laborar..., ho pot passar molt malament.

La Rosa es va alçar amb energia i se'n va anar cap a la porta de l'escala. Estava tan cansada que ni tenia por. En Xirgu, lentament, dissimulant el neguit, la va seguir. Un cop al seu costat, ella li va dir a la cara que els morts no passen diners a les vídues i que es podia ficar al cul les amenaces i va obrir la porta perquè aquell home s'allunyés per sempre de la seva vida. En Xirgu sortí escuat. Però el que es va instal·lar en un racó de la vida de la Rosa va ser la possibilitat que en Carles sí, que... Increïble. I van passar els anys, molts. Fins que ningú ja no pensava en aniversaris de l'accident perquè n'hi havia hagut d'altres, perquè havia plogut molt, perquè feia anys que eren en un nou mil·lenni, perquè els records no són eterns i perquè arriba un moment que, si no hi ha amor, recordar cansa i els morts fan nosa. I si no saps del cert que són morts, són pitjors que una pedra a la sabata.

3

Sort que l'encarregat de les obres coneixia el seu cosí; vaja: sort que era l'amant del seu cosí i no podia dir-li que no. El va informar que les obres no comencen fins dilluns i que tens tota la tarda de dissabte, però em sembla que estàs com una regadora.

–Sí. I penso convocar tres o quatre companys de l'escola.

–Tu mateix, nano. Haureu de portar les eines.

–Cap problema.

–I no feu gaire merder; encara que sigui un solar aïllat i tot això, no vull problemes abans de fer entrar les màquines.

Al vespre es va quedar molt sorprès: cap dels que va trucar no li va dir estàs boig, tio, sinó i tant, el tresor, i tant que me'n recordo. Per cert, recordes què hi vam guardar?

–Una llibreta.

–I una roba de no recordo què. D'una senyoreta.

–De la senyoreta Gràcia.

–Això mateix. La seva famosa bufanda.

–Té raó.

–Jo sé que ho vam ficar tot en una capsa de llauna. De galetes.

–No: de xocolata.

–És igual.

–No era en una bossa de plàstic?

–I ara, on vas! Una capsa.

Tots cinc exalumnes de l'escola, palplantats al jardí pelat que havia estat el pati durant mil anys, contemplaven amb pena, repenjats als pics i les pales, l'edifici on havien passat sis anys feliços quan només tenien de sis a dotze anys.

–No, tretze: jo hi vaig ser fins als tretze.

–Perquè tu sempre has estat la més gran.

–Encara ho sóc.

–Sí, iaia.

–Si em tornes a dir iaia, et clavo el pic al cap.

–Si no el pots ni aixecar, àvia, més que àvia.

–Ets un malparit, Pitus. T'aprofites de la meva bondat.

–Aquest parell sempre barallant-se.

–No –va fer en Pitus–: jo sempre em barallava amb la com es deia, amb la Baylina.

–La Laura?

–Exacte.

–Ostres, la Laura... –Mirada perduda d'un nostàlgic quasi calb.

–Que no l'heu avisada?

–Viu a Uppsala.

–Hosti. I què hi fa?

–A mi què m'expliques? Viure-hi.

–A veure, a veure... Si no ens hi posem... –En Pitus rumiava i mirava al voltant:– Jo crec que el vam amagar al costat del roure.

–És una alzina.

–És igual. Al costat. Més o menys aquí. Us sona?

–Que no vam dibuixar cap mapa del tresor?

–Sí. Però no sé on para.

–Jo crec que era més a la vora de l'edifici. Més cap allà.

–On aneu! Ni una cosa ni l'altra: era allà on hi ha la tanca de xiprers.

–Són tuies.

–Hosti, tio. Tuies?

–Tuies.

–Doncs allà, vora les tuies. Aquí al roure ens hauria vist tothom.

–Alzina.

–Jo em pensava que us en recordaríeu, la veritat.

–Fa molts anys, Pitus. I tu tampoc no te'n recordes.

–Que sí: per mi que el vam colgar aquí al costat del roure.

–Alzina.

–Recordeu en Canivell, sempre enfilat dalt de l'arbre?

–El baró rampant.

–Què?

–No, res.

–Ostres! Què se n'ha fet, d'en Canivell?

–Ni idea.

–Què? Continuem fent taula rodona o ens posem a treballar?

–Sí, però on excavem?

–Fem com els arqueòlegs: quatre o cinc tastets.

–Fot molta calda.

–Què vol dir, això dels tastets?

–Fem un tast aquí, un altre allà. Primer excavem al costat del roure, després als xiprers.

–Alzina i tuies.

–Això és fer tastets?

–M'ho acabo d'inventar, però queda molt bé.

–Malparit.

–Us ho heu cregut tots. Vinga, a treballar!

–Sabeu que estic emocionat? Feia mil anys que no venia al col·le.

–Estem en una edat que ja fa molt de temps de tot.

–Tens raó. Noto no sé què per aquí dins.

–Jo també.

–Ens ho vam passar tan bé...

–Érem feliços.

–I després tot es rovella.

En Pitus els va observar amb el pic a l'espatlla. Se'ls va posar al davant i va dir què, rotllo nostàlgia i paradís perdut de paios calbs i tot això o voleu trobar el tresor?

–Jo no sóc calba.

–Portes perruca, iaia.

–Però vam ser feliços o no?

–Sí. Molt. Massa.

–Massa?

–Després creixes i tot va diferent. I et separes i coses així.

–Val més que ens posem a cavar, que el sol ja està baixant.

–Psí.

Van començar a cavar. La iaia Carmina de seguida es va queixar de butllofes a les mans, i els homes, que tenien les mateixes butllofes, ho van dissimular. La iaia es va lamentar mentre picava amb fúria:

–No sabem on hem de cavar ni recordem què hem de trobar.

–Però sabem que ho volem buscar.

–Que poètic que és.

–Bravo.

–No et diran res, els de les obres?

–Tot és legal. Dilluns passa l'excavadora i, si no l'hem trobat, s'endurà el tresor i tots els nostres records d'una palada.

–La casa no la deuen tocar, suposo.

–Tot va a terra. Seran pisos.

–Què dius!...

Silenci amarg, ara sí ple de paradisos i passadissos perduts.

–Ostres, quina putada –va dir qualsevol d'ells.

–Però si no t'hi havies acostat mai més des que vas passar a l'institut.

–Però és una putada igual.

Una hora després, amb la llum més desmaiada, havent obert tres o quatre clots a la vora de l'alzina i de les tuies, no havien trobat res. Sí, en un dels clots de les tuies, una filagarsa de roba descolorida.

–Oi que hi vam deixar un drap, a dintre?

–És clar, però busquem una capsa de llauna.

–Hauríem d'haver guardat el mapa del tresor.

–Hauríem d'haver fet cinc còpies del mapa del tresor.

–Hauríem d'haver fet el mapa del tresor. Allò tan xulo de quinze passes a l'est des del roure.

–Alzina.

–Damunt del promontori una pedra plana... i, txas!, una creu marca el lloc exacte del tresor. Mireu si és senzill.

–Som uns pirates de pacotilla. I es fa fosc.

–Podem continuar demà?

–Jo no puc, tu. Quan li he dit que venia a buscar un tresor, la dona se m'ha posat...

–Doncs has de tornar a casa com a mínim amb alguns doblons d'or, home.

–Ei, mireu!

Els quatre homes es van tombar per mirar cap a les tuies on la iaia estava furgant amb una mena de piolet.

–A veure si ha trobat alguna cosa!

–T'imagines que...

–Els doblons d'or per a la teva dona... Com es diu?

Mentre s'hi atansaven, pensaven en la capsa de galetes i en què punyetes hi van acabar guardant feia vint anys.

–Trenta.

–A veure?

La iaia, agenollada, havia descartat el piolet i amb un mocador estava deixant al descobert com una mena d'ossos petits i ennegrits.

–Hosti, quina angúnia! Alguna bèstia.

Com si fos una arqueòloga experimentada, la iaia va anar separant delicadament la terra que cobria aquells ossets que estaven units; és que estan units, tu.

–Ostres... Oi que sembla una mà?

–Massa petita.

–Potser és una mà de mico. Vam tenir un mico, a l'escola?

–Amb aquesta llum... Algú té una lot?

No. Ningú no tenia una lot. I al cap de cinc minuts ningú no va pensar mai més en el tresor amagat, i en canvi pensaven a quin imbècil nostàlgic se li havia acudit la idea de desenterrar cadàvers del pati de l'escola.

Al cap d'uns quants dies, va sonar el timbre dues vegades seguides, com si reclamessin urgència en la resposta. L'home dels cabells blancs mirà cap al corredor, estranyat; semblava que volgués esbrinar qui trucava només amb la mirada. Consultà el rellotge. Feia anys que ningú no trucava a casa a les deu del matí, quan la Míriam ja era a la feina i ell veia passar el temps amb impaciència, una mica sorprès de ser encara viu. Les deu del matí? Encara li ressonava la veu de la Míriam, ell fent el ronso al llit, i ella dient t'he deixat preparat el cafè amb llet, papa, em sents?, i després el cop de la porta i les seves passes apressades baixant l'escala, sempre amb presses, la gent jove; i quan va entrar a la cuina per beure's el cafè amb llet, resulta que se n'havia descuidat, i no era la primera vegada. Va massa atabalada, pobra noia. Ho vol fer tot i ara torna a sonar el timbre. La veig amoïnada, pobreta, suposo que per coses de la feina. Ara el timbre havia sonat una sola vegada però més llarga, més impacient. Arrossegant els peus, s'atansà a la porta pel llarg corredor. Unes veus a l'altre cantó, al replà. Veus d'home. Sospirà i féu córrer el passador i la cadena. Per fi obrí la porta. Dos homes seriosos i, de moment, silenciosos.

–No m'interessa, gràcies –va dir, començant a tancar.

Però un dels homes va posar la mà per evitar que es tanqués la porta del tot i va dir senyor Parés?

–Sí.

–Policia.

–Ah.

–Ens deixa entrar?

De seguida va pensar li ha passat alguna cosa a la Míriam. Sempre que hi havia un imprevist, pensava en el mateix. Ni es va fixar en les identificacions que els dos homes li mostraven mentre traspassaven el portal. Va tancar la porta i va preguntar què passa, amagant l'ànsia. Un dels homes assenyalà, com qui respon, cap a les dues bandes del corredor. En Parés li indicà que cap a la sala, va repetir què passa i els va precedir, arrossegant els peus i sense veure la ganyota de disgust dels dos homes en percebre que aquell pis fosc, a més de desendreçat, estava poc ventilat.

–Què volen? –va fer després d'haver-se assegut tots tres. Una llum feble venia del mig del sostre. Les persianes del balcó estaven tancades i tot plegat feia venir ganes de cridar reclamant aire net.

Un dels policies va fer una mirada fugaç al seu col·lega i va dir oi que vostè tenia una filla que es deia Míriam?

–Què li ha passat, a la Míriam? –Es va alçar, esverat.– Eh?

Els dos policies es van mirar una mica estranyats.

–Estic parlant –mirada ràpida a una llibreteta de notes que havia aparegut màgicament a les seves mans– de Míriam Parés i Bigorra.

–Sí, és clar, la meva filla. Què li ha passat?

–Com vol dir, què li ha passat?

–Ara no hi és. És a la feina.

Llambregada entre els dos policies.

–A la feina?

–Sí.

–De què treballa?

–És decoradora. I per sort té molta feina.

–Quants anys té?

–Per què ho vol saber?

–Quina edat té, la Míriam? –va intervenir el policia que fins aleshores no havia intervingut.

–Doncs... –Va mirar cap al sostre per concentrar-se i després, en veu més baixa, com si fos una lletania, va recitar trenta-vuit anys i dos mesos. I, mirant-los als ulls, va tornar a seure i va dir, amb veu enèrgica, per què m'ho pregunten, tot això?

–Perquè... Míriam Parés, la seva filla, va ser donada oficialment per morta fa vint-i-cinc anys.

–Facin el favor de sortir d'aquesta casa.

No es van bellugar. Ell es va aixecar:

–Immediatament! –va dir, cridant.

No es van bellugar. Un dels dos policies va dir la seva filla va desaparèixer fa trenta anys. –Consultà la llibreta:– El dia nou de febrer del 1977.

En Parés, com si es desinflés, tornà a seure.

–I no se'n va trobar cap rastre –va insistir el policia.

Silenci.

–Tenia vuit anys, la seva filla.

–Vuit anys i cinc mesos –va precisar en Parés.

–D'acord. I cinc mesos.

–Ara ha estat uns quants anys vivint a Londres, per la feina.

–Qui?

–La Míriam.

–Ah.

–Però torna a ser a casa.

–Ja. –Després d'una lleu vacil·lació, un dels policies:– A quina hora plega, de la feina?

–No ho sé. Es presenta quan pot. Va molt enfeinada. A més, la policia no va saber trobar els assassins. –Cridant:– Ni tan sols sa mare i jo sabem si és morta!

–La seva senyora...

–Es va morir de pena, no ho va resistir. Per culpa de la ineficàcia policial. Els hauria de denunciar, a tots vostès. A tots!

–Estem informats de la situació, sí.

–Vull trobar els assassins.

–És clar. Podria ser que... Vull dir que ara hem trobat unes restes i... podria ser que... S'hauria d'avenir a fer unes proves per verificar si es tracta de la seva filla.

–Quan vingui a sopar l'hi pregunten.

–Perdoni?

Silenci, més feixuc que l'aire enrarit del pis.

–No li agradaria que trobéssim els que la van matar?

–No demano res més a la meva vida. –Emmudí, pensarós, i els altres van respectar el seu silenci. Aixecà la vista:– Així la pobreta Míriam deixarà d'estar tan neguitosa.

Al cap d'unes setmanes, la Rosa va aguantar el silenci sense perdre la calma. Ara que era a la sala d'aquell home el va poder observar clarament. Devia tenir la seva mateixa edat, però se'l veia molt envellit. Potser ho feien els cabells tan blancs. Abundants, però d'un blanc gastat i trist. Feia joc amb la sala d'estar atrotinada però decent; ell esperant que una nena morta tornés i ella a casa seva pregant que el seu home mort no tornés mai més. Va deixar tot el temps del món a aquell home que semblava que estava retornant després d'una llarga absència. Al final, l'home es va decidir a preguntar:

–Com ha arribat a aquesta conclusió?

–Molts anys per rumiar sola. I alguna evidència de la infecta talla moral del meu marit.

–Però amb això no n'hi ha prou.

–El meu home va desaparèixer els dies del segrest de la seva...

–Míriam. Vuit anyets.

–Déu meu.

–La seva mare va morir de pena.

I encara van passar una estona llarguíssima en silenci, fins que l'home la mirà, quasi com si se sorprengués de la seva presència allà, i va dir però vostè per què...

–Al meu marit el van donar per mort, però no n'estic del tot segura.

–Vam ser tous: ens vam creure aquella veu que

ens deia que ens vigilaven i que si dèiem ni un sol mot a la policia matarien la nena. La meva dona em va dir si us plau, donem els diners i que ens la tornin, si us plau. I ho deia amb tant de dolor que hi vaig estar d'acord. Els diners de la nostra felicitat, ens pensàvem; i van ser de la desgràcia.

Silenci. L'home era molt lluny, en ple record, i va dir ens havia tocat una travessa que ens va fer milionaris i vam arribar a pensar que la vida és xauxa. Però els assassins estaven ben informats, i per això es van fixar en la Míriam i no en cap altra nena. Maleïda travessa. I ens van exigir tots els diners del premi. Vam anar a dipositar els diners en una paperera de Pedralbes, en un carrer solitari, que si hi hagués hagut policia vigilant els raptors l'haurien clissada de seguida i ens haurien matat la Míriam. I un cop lliurats els diners esperàvem les instruccions que ens havien de dictar al cap d'una hora. Encara les espero.

–I han passat trenta anys abans de poder recuperar-la...

–Recuperar-la? Els ossets i uns blens de cabell.

–Perdoni, senyor Parés: no vull agreujar-li la pena...

–Va ser horrorós. L'Adela es va tornar boja de pena. I la policia va dir que per què no hi havíem anat abans i jo em volia destrossar el cap contra la paret. I al cap d'una setmana ens van dir que si encara no havia aparegut era molt mal senyal. I la dona vinga dir què vol dir mal senyal, què vol dir mal senyal! I es va posar malalta, i quan ens van dir que el més segur era que la nena ja era morta, la meva pobra Adela es va esllanguir en qüestió de dies; es va deixar morir, sent? Quin horror! I des de llavors estic boig, vivint sol amb el meu error de no haver avisat la policia, i visc aquí amb la Míriam, que ja té trenta-vuit anys i tres mesos.

–Perdoni?

–I vostè què vol, exactament?

Tots dos, callats, immòbils, evitant mirar-se als ulls. Fins que ell va insistir:

–Per què ha vingut?

Silenci. Cadascun d'ells pensant en el seu horror. Al cap de molt:

–No ho puc demostrar, però estic convençuda que va ser el meu marit. He pogut llegir uns papers que eren una mena de preparació amb esquemes i dibuixos del pla d'un segrest. Al carrer Albinyana, oi?

En Parés va acotar el cap. Ella continuà:

–No vull denunciar-lo; potser és mort i tot. Però... tinc el nom d'un soci: vaja, d'un còmplice que... Si vol, li dono el nom. I si arriba fins al meu marit... la veritat, no em sabrà greu que el castiguin. Vol fer-ho?

–No tinc cap més desig a la vida que arribar fins on són els culpables.

La Rosa va treure un paper de la bossa i el va deixar doblegat damunt la taula.

–Només és un nom –va advertir–: li costarà posar-hi cara. Em va venir a molestar ja fa una pila d'anys. Si no són ells...

Silenci. L'home va fer un esforç per no abraonar-se sobre el paper. Aprofitant el silenci, la Rosa, mentre s'aixecava disposada a marxar, va dir siguin quins siguin els assassins, li puc demanar que em perdoni?

4

Un any sencer menjant-se el pensament per resistir les ganes de dur el nom d'Apel·les Xirgu a la policia. A un parell de detectius, sense declarar-los les seves intencions, els va demanar que busquessin en Xirgu. Tenia tantes ganes de ser ell en persona qui atenués el dolor de la seva filla i la seva dona, que va resistir a totes les temptacions i es disposà a la cacera solitària seguint minuciosament una disciplina que, després de tants anys de deixadesa, es pensava que no podria retrobar. Uns quants mesos de gimnàs per recuperar la forma física ara que ja tenia un objectiu a la vida. I va treure, del fons de l'armari, una Crvena Zastava del 1966 embolicada en un drap brut, que havia comprat feia tants anys, quan es pensava que la policia li faria la feina i ell només l'hauria de rematar durant el judici; i cada setmana greixava la pistola amb una cura quasi litúrgica, tal com li havien explicat que havia de fer. Va aconseguir, amb cautela, acostar-se fins a en Xirgu de manera que li semblava que aquell criminal podria arribar a sentir el seu alè al clatell. Va triar el dia que considerà el millor i s'encomanà als déus de la venjança sense saber que els plans perfectes sempre fallen per alguna banda i la sort es decanta pels improvisats. Quan va veure aparèixer el cotxe, inconfusible, va fer canviar el llum del semàfor en aquell revolt solitari del final de la carretera de l'Arrabassada, quasi pensat, en aquelles hores, per a atemptats com el seu. S'atansà al cotxe amb la confiança que en la fosca es fes difícil reconèixer que aquell municipal era massa vell per fer servei de carrer, o sigui que el xofer va abaixar el vidre del seu cantó.

–Les claus del cotxe.

–Perdoni, agent?

El policia apuntava el xofer amb tanta determinació que aquest va treure les claus i l'agent les hi arrabassà.

–Si et mous et mato.

–Què és això, agent? –J. G., al fons del cotxe, sense veure els detalls però empipat per la interrupció.

El municipal va mirar-lo i disparà contra J. G. i, en sentir els crits de la seva acompanyant, també va disparar un cop. I llavors tornà a la feina i va dir al xofer només et salvaràs si em dius on para en Carles Santiga, perquè em consta que ho has esbrinat.

–No sé de què em parles. –Es va mig girar al seu seient per mirar al darrere del cotxe:– Què has fet, Déu meu? –va dir horroritzat.

–Qui dels dos la va matar?

–Què? De què parles?

–Tens deu segons. Qui la va matar?

Silenci. El xofer va empal·lidir i començà a suar.

–En Carles. Va ser un accident.

–Ah, un accident.

–I on viu, ara, en Carles?

–A la Martinica.

–Per què no li has reclamat els diners si saps on viu?

–Viu a Le Vauclin.

–Molt bé. Per què no li has reclamat els diners?

–Que tu també...?

–Malparit. –Li va posar el canó davant d'un ull.

–No, no, perdona. Ho sé des de fa molt poc. I ja no vull els diners. Vull oblidar-ho tot.

–Malparit, oblidar-ho tot. Sóc jo el que no ho pot oblidar.

–Perdona'm. He canviat; no sóc el mateix; perdona'm... Qui ets, tu?

Com a resposta, el municipal massa vell per fer servei de carrer li va disparar a l'ull. I, després de pensar-ho uns segons més, va descarregar la resta del carregador sobre els cadàvers del darrere: necessitava encara uns dies de llibertat per poder viatjar a la Martinica i calia tenir entretinguda la policia. Llençà les claus del cotxe al marge de la carretera i, en sentir un lladruc proper, va fugir per la part més fosca sobretot sense mirar enrere. Ja hi estic posat, Míriam i Adela. No patiu, que això s'acaba.

No va tenir cap destorb per absentar-se del país perquè ningú no el podia relacionar de cap manera amb el magnat J. G. Encara escodrinyaven amb lupa el seu passat per trobar-hi els motius d'una venjança. I el passat de la Nina; i de moment no miraven més enlloc, pel que ell sabia; però no trobaven res. I sobretot perquè a ningú no li importava ni un rave com organitzava la seva solitud aquell home mig tocat de l'ala des de feia tants anys. S'ho va agafar sense presses. Per seguretat, va haver de viatjar desarmat i es va obligar a creure que Déu, en qui havia deixat de creure, proveiria com havia fet amb Abraham al cim del Morià. La Martinica és menuda. I Le Vauclin encara més.

El dia que el va localitzar, el segon dia de ser-hi, el va seguir durant unes hores mentre l'altre comprava les seves coses i tornava a una caseta humil a la vora de la platja. Quan l'home estava preparant-se el dinar, va irrompre educadament a la casa i va dir Monsieur Charles Santino?

–Oui?

–Oi que es diu Carles Santiga?

–Què ha dit?

–Vinc de part de la nena; i de part de la seva mare; i de part de la dona de vostè. I del seu cony de soci. I dels pobres que anaven al cotxe i no en tenien cap culpa.

Sense deixar-lo reaccionar, li va clavar un ganivet ben esmolat que li havien venut a la Belle Lune el dia que havia arribat. I per si de cas no quedava clar, va afegir i vinc de part meva.

Va asseure's sobtadament fatigat, amb tot el cansament de la vida concentrat en el seu cos, en aquella caseta de l'altra banda del món, on un desconegut odiós estava agonitzant a terra, a dos pams dels seus peus. Va voler somriure però li va sortir una ganyota; feia tant de temps, dels somriures, que se n'havia oblidat. La víctima va deixar de bellugar-se i ell tancà els ulls, tranquil, a esperar sense presses que un o altre el detingués. Sabia que, passés el que passés, aquella seria la primera nit que dormiria sencera des de feia un grapat d'anys. Míriam, Adela, dormiu tranquil·les que ja he acabat la feina.

Al cap d'unes hores de vetllar el cadàver, quan va començar a sentir la sensació de gana, ja era el capvespre i el mort era al mateix lloc, dessagnat. No vindria ningú a detenir-lo i aquesta evidència li va saber greu. Llavors es va donar permís per pensar en aquelles persones que havia cosit a trets dins del cotxe que conduïa en Xirgu i que havien convertit un pla improvisat en una carnisseria. Es va esforçar a sentir pena, però tants anys de carregar-ne una de tan feixuga l'havien fet insensible a totes les altres menes de dolor i tampoc no va saber plorar.

Epíleg (cont.)

Va ser per una casualitat que se li va acudir de preguntar què volia dir aquell senyal discret que hi havia al costat del títol d'alguns, pocs quadres. La senyora rossa que regnava a la taula de recepció on es venien els catàlegs se'l va mirar atentament durant uns segons insòlits, com si estigués calculant què se li havia de dir a l'assassí de J. G., fins que es va decidir a parlar i va dir que són quadres que estan en venda.

–En venda?

–Sí.

–El Voltes-Epstein, un Rusiñol, un Millet, aquell Munch tan petitet i...?

–S'hi ha fixat bé. Que hi pot estar interessat?

–Depèn dels preus. I com és que es venen?

–No estic autoritzada a donar-li aquesta informació.

De fet, no tenia ni idea del perquè de la venda, però amb aquella resposta s'havia sentit més important, més necessària, més ella.

–D'acord. Però jo estic interessat en una possible compra.

–Es farà una subhasta pública.

No sabia si amb allò s'embolicaria massa; no sabia si estava jugant amb foc; només intuïa que havia d'arriscar-se; com a homenatge a un home i una dona que no hauria volgut haver de matar. Segurament era un gest inútil, però la seva consciència el reclamava. I què havia estat la seva vida des de feia trenta-quatre anys sinó un garbull de gestos inútils i de llàgrimes estèrils?

–Em fa el favor del carnet d'identitat?

No siguis ruc i fot el camp.

Però va agafar la bitlletera, en va treure el carnet i el deixà damunt la taula. La senyora que no estava autoritzada a donar segons quines informacions va apuntar curosament nom, adreça i número de NIF, i quan l'hi va tornar va dir ja el tenim fitxat, senyor Parés: ja pot anar fent cap a la presó.

–Ja el tenim fitxat, senyor Parés. Aquí té la llista de preus de sortida. –I li va fer a mans un foli plastificat.

Ell va fer el gest de marxar, però la senyora que no estava autoritzada a donar segons quina mena d'informacions va dir no estic autoritzada a permetre que aquest document surti d'aquí. M'explico?

–Vaja...

–Apunti-s'ho. Això sí que ho pot fer.

I mentre el senyor de cabells blancs abundosos començava a copiar la llista ella es va voler fer la simpàtica i va dir s'interessa en alguna obra en concret, senyor Parés?

Ell la va mirar un segon i continuà escrivint mentre deia no estic autoritzat a donar aquesta mena d'informació.

Passats tres mesos, en Parés, un cop van haver marxat de casa els operaris, obrí les finestres, apujà persianes i, fent un sospir profund, s'assegué davant *La Paysanne* (1854), de Jean-François Millet (1814-1875). Un quadre de dimensions mitjanes, on el personatge, gairebé d'esquena a l'observador, camina cap al sol ixent, allà al fons, amb uns matisos de grocs que confereixen profunditat al conjunt. Segons l'havien informat a la Fundació, era de l'època de *La Fournée* però menys conegut; com a *La Paysanne*, s'hi veia també una dona d'esquena, però en aquell cas ficant o traient un pa rodó del forn. El problema era... el problema era que el quadre era diferent. Impossible que l'hi haguessin canviat perquè fins a arribar a casa no se n'havia separat i no havia passat res. Però un cop sol i el quadre penjat... Al costat de la pagesa hi havia unes taques que abans segur que no hi eren. Es va aixecar, va acostar el cap a tocar de la tela i l'ensumà: olor de pintura passada, antiga. Olor de temps, de dècades. I al costat de la pagesa, les taques inexplicables. Podia ser que haguessin fet un moviment imperceptible? En Parés no es va atabalar per aquelles sensacions tan estranyes. Feia temps, des que l'hi havien destrossada, que no demanava explicacions a la vida. No se li va ocórrer tornar el quadre i fer-se reintegrar els calés ni protestar ni...

–Saps on para, la lupa?

Silenci; immòbil, va observar una forma humana que, molt lentament, anava apareixent al costat de la pagesa. Sense atabalar-se per l'aparició, com si fos la cosa més normal del món. Al cap d'un minut mirà al voltant com si es despertés:

–Míriam? Saps on para, la lupa? Eh, nena?

–Quina lupa? –una veu de dona.

–La que ta mare feia servir per...

Va callar i es va tombar. A la sala no hi havia ningú. Va fer unes passes cap al corredor.

–Míriam?

Tornà a la sala. Al relleix de la llar de foc hi havia una lupa.

–Gràcies, nena –va dir d'esma. Agafà la lupa i examinà la pagesa que, d'esquena, s'allunyava cap al punt de fuga, cap al sol ixent; i al seu costat les taques. I s'hi va apropar més, com si no pogués contenir el desig urgent i inexplicable d'arribar també fins al sol ixent en companyia de la pagesa.

–Ai carai –va dir. S'acostà més al quadre, a aquella lluïssor que l'atreia com una gran promesa, i l'omplí la sentor de pintura seca i de pols. De reüll mirà cap a la pagesa, però el que va veure va ser un home desconegut, cofat amb una mena de drap brut que li conferia un aire vagament oriental. De la butxaca de la camisa li sobresortien uns papers escrits i rebregats. Al costat d'aquell home singular, la pagesa: per primer cop en molts anys, en Parés es va fixar amb admiració en el rostre d'una dona. Però un gest de l'home l'en va distreure: amb un mocador llardós s'eixugava la suor del front sense treure's el turbant, com si el tingués enganxat al cap.

–Ja era hora! –va dir el desconegut–. Estic fins als pebrots del sol ixent, el Puig dels Ases i tanta collonada!

–Qui sou? –va fer en Parés.

–I vós?

La pagesa es va posar a riure. En sentir la cantarella, tots dos homes la van esguardar admirats. En Parés va ser conscient de sobte de la flaire que desprenien l'herba molla i la terra humitejada per la rosada. I fità cap endavant, cap al sol ixent. Llambregà enrere, una mica torbat; l'home del turbant brut havia desaparegut; en canvi, la camperola era allà, somrient, amb un toc d'ironia. Aquella dona lluïa un aspecte sa, atractiu i alegre. En Parés aspirà amb força i tot ell s'omplí d'aquella olor que feia anys que no sentia i mirà, amb una mena d'il·lusió nova, cap al sol ixent.

A la sala d'estar d'en Parés, al relleix de la llar de foc, descansava la lupa. I el llum del sostre, encès. Al quadre penjat a la paret, un home fort i nerviüt però amb els cabells ben blancs, vestit amb roba fosca, abans de convertir-se en unes taques sense solta ni volta, acompanyat de la camperola, caminava esperançat cap al sol ixent, potser implorant una altra història per a la seva vida

LES MANS DE MAUK

Benvolgut senyor Heribert Bauçà,

Després de profundes revisions del text, tal com em vau aconsellar, us el torno a enviar amb l'esperança que sigui acceptat. Posat cas que, malgrat les substancials millores, no acceptéssiu de publicar aquest mecanoscrit, em suïcidaré.

Cordialment,

Oleguer Santiga

En Bauçà va mirar al buit. Tornà a llegir el paper i el deixà damunt del plec del mecanoscrit. No sentia el silenci del despatx ni tenia presents les urgències importantíssimes de feia vint minuts, mentre prenia el cafè i repassava amb la Rita la seva atapeïda agenda.

Mirava enlloc. De sobte li va retornar la fressa esmorteïda de la gent que feia feina a l'altra banda de la porta. Va tornar a agafar el paper i el rellegí. Oleguer Santiga, va murmurar. Va començar a sentir odi per aquell idiota que li espatllava la placidesa de la seva vida estressada. Amb el clip va enganxar la carta al primer full del plec, tal com li havia arribat. S'incorporà i mirà un altre cop el nom del signant. Va agafar el telèfon i pitjà tres tecles.

–Sí. Tu saps si mai hem tingut tractes amb un escriptor que es digui Santiga?

–...

–A veure... –Es va incorporar a la cadira i tornà a llegir el paper.– Oleguer –va dir.

–...

–Doncs és igual: qualsevol mena de tracte. Com a autor, com a autor d'un text rebutjat, com a mosso de magatzem o com a redactor o recepcionista, m'és igual.

–...

–Molt bé. És prioritari.

I penjà. Llavors va repicar amb els dits damunt la taula per ajudar-se a pensar. I per fi es decidí. Agafà el plec, amb la carta enganxada, el ficà en el sobre, el va examinar amb atenció, cosa que no havia fet quan l'havia obert d'esma, i va comprovar que sí, que li estava adreçat. I el remitent era Oleguer Santiga, sense cap adreça ni telèfon. Es ficà el paquet a la seva cartera, que abandonà al racó de darrere el fitxer, i es va disposar a llegir els textos de contraportada que eren tan urgents. Però va sonar el telèfon. La Rita que li deia que no tenim cap constància de ningú que es digui Oleguer Santiga i que hagi tingut cap mena de relació amb l'editorial.

–Segur?

–Seguríssim.

Va penjar i tornà als textos de contraportada tan urgents. Llavors va pensar, sense voler-ho, en la reunió que havien de tenir a la tarda on, per més que ningú no ho digués, sabia que el seu segell s'hi jugava el futur. I ell el seu, per descomptat.

Al cap d'un mes, amb quatre llibres més al carrer, el segell intacte, el seu lloc de treball assegurat, i després de mil gestions diferents i totes urgents, quan va mirar la cartera que sempre es deixava al racó del fitxer per si de cas, va tornar a pensar en aquell boig de qui ja ni recordava el nom. Obrí la cartera amb una mica de mala consciència, en tragué el plec i li va retornar la història, així de cop. Aquesta vegada va deixar la cartera damunt la taula.

A l'hora que la dona de fer feines era la mestressa de tota l'editorial, que era l'hora en què ell solia plegar, en Bauçà sí que va pensar a agafar la cartera i, un cop a casa, sol perquè la Virgínia era no sé on i arribaria supertardíssim, sents, xato?, sense gaires ganes de fer res, va treure una cervesa de la nevera i es va posar a llegir el mecanoscrit del tal Santiga.

*

L'Arnau Mauri havia arribat al carrer estret i plujós, i les seves passes, tot i ser audibles, quedaven esmorteïdes per la fressa de la pluja. El paraigua regalimava per totes les barnilles. Fins que no va arribar davant la casa més nova no va alçar el cap. El número vint-i-sis. Doncs devia ser al costat. Al costat hi havia un edifici més petit, depressiu, ennegrit per la incúria del temps i de les persones. Era el que buscava. Trigà a adonar-se que no hi havia cap mena de timbre. Ficant la mà entre els barrots de ferro, va picar al vidre amb el puny mullat. I esperà. Es tombà de sobte, com si estigués vigilant que ningú no l'ataqués per l'esquena; o això semblava. Segurament era la mala consciència. Tornà a picar, impacient. Al cap d'uns lentíssims minuts es va encendre un llum a l'interior, que va pintar de groc un parell de pams de carrer mullat. Es va obrir la porta i una cabellera blanca sota la qual hi havia una figura escanyolida d'un ancià enèrgic li va dir què mana. Que si era el doctor Tardà. Sí, l'era. Que ell era l'Arnau Mauri, que li havia trucat abans. Qui diu? Puc entrar, que em mullo? Qui diu que és? L'Arnau Mauri, que he trucat fa...

–Ah, en Mauri: el del verí, oi?

–Bé, jo...

–Vinga, passi, que es mullarà –va dir l'home fent un pas enrere en el minúscul rebedor. En Mauri per fi va poder entrar i tancà el paraigua, que va començar a regalimar a les rajoles de dins de la casa.

–Em sap greu.

–Deixi'l aquí.

Aquí era el racó, perquè en aquell rebedoret no hi havia cap paraigüer. Llavors es va fixar que el rebedor moria, allà mateix, en una escala alzinada que l'amfitrió va començar a pujar sense amoïnar-se per si la visita del verí havia tancat bé la porta del carrer.

Al cap de cinc minuts, asseguts tots dos davant de sengles tasses de cafè fumejant, el vell li preguntà per a què volia el verí.

–Que vol assassinar algú? –va afegir el vell.

–I ara! Per l'amor de Déu!

–No, si a mi... Oi que m'havia dit que era escriptor?

–Sí.

–Mala gent.

Uns segons de silenci. Fins que en Mauri va remenar el cap. Ara va ser conscient que estava enravenat i massa neguitós.

–No. És que a casa hem detectat la presència de moltes rates.

–I llavors per què vol informació sobre un verí que no deixi cap rastre.

–Existeix o no, aquest verí?

–Sí.

–Doncs digui'm quin és, si us plau, i indiqui'm la manera d'adquirir-lo i els seus honoraris per la informació.

L'home va remenar l'espectacular cabellera blanca i va somriure. Va mirar en Mauri als ulls.

–Rates... –va dir, en un to una mica mofeta. Alçà les mans com si hagués fet un gran descobriment:– Ja ho sé! És per a una de les històries que escriu!

–Exacte. Em dóna la informació?

Com que l'home dels cabells blancs callava, en Mauri es va aixecar però l'amfitrió no es va immutar: es va limitar a fer l'últim glop del cafè.

–No me'l crec –va dir sense mirar en Mauri–: ni novel·les ni rates.

L'Arnau Mauri va tornar a seure i es passà, preocupat, la mà pels cabells. Una bona estona de silenci incòmode.

–Bé... Té raó.

–Sóc tot orelles.

–Potser és millor que no ho sàpiga.

–No senyor: ho he de saber per encertar el preu que val la meva informació.

–Em puc inventar qualsevol cosa.

–Vostè no sap mentir. Segons el que em digui, jo l'enganyaré i el deixaré amb el cul enlaire. A més, sóc tafaner de mena i vull saber per a què vol el verí.

–Molt bé: però si em traeix el secret, el mato.

–Ui, quina por. Sap que estic impacient? Des de ben petit que he estat un tafaner sense remei. I cap amenaça no em fa aturar. Sóc tot orelles.

–Doncs resulta que em passo moltes hores a casa escrivint i... Bé, doncs que tinc un veí...

En Mauri va callar. L'altre el mirà als ulls i li va dir vinga, noi, que no tenim tot el dia i em faig vell.

–Doncs... El cas és que tinc un veí que té dos gossos molt malparits que es passen tot el sant dia bordant.

–I voleu fer-los callar.

–No: vull fer callar el veí.

*

L'Heribert Bauçà havia dormit poc i malament, destorbat per imatges inconnexes de la lectura nocturna. Durant l'esmorzar, davant d'una Virgínia encara més adormida perquè realment havia tornat supertardíssim, les pàgines que havia llegit la nit abans li retornaven com l'all. Havia de reconèixer que li agradava la bona mossegada que havia fet al mecanoscrit d'aquell boig. Però sentia repugnància pel xantatge de la carta. El matí a l'editorial va ser silenciós i, en dos moments de lleure, ho aprofità per tornar a les pàgines d'en Santiga. Entre una cosa i l'altra, feia ulleres quan, al restaurant, en Pietro li va preguntar si dinava sol.

–No, no. Espero una senyora. No trigarà.

–Et porto una cervesa.

–Sense alcohol.

Així que en Pietro va desaparèixer, un home exageradament prim, tant, que semblava que es podria esberlar contra el cantell de qualsevol taula, avançava somrient cap a en Bauçà. Va posar-se-li al davant sense perdre el somriure i agafà la cadira, com si li volgués demanar permís per seure a la mateixa taula.

–Està ocupada.

L'home prim, com si sentís ploure, va enretirar la cadira i va seure davant d'en Bauçà. Va mirar al voltant, agafà una llesca de la panera i, de seguida que tornà en Pietro, li va assenyalar la cervesa i va dir-li que també en volia una.

–Perdoni –va fer, empipat, en Bauçà–: Espero una persona.

–Tots esperem una persona. –I, simpàtic, a en Pietro:– Ben fresqueta, eh? –A en Bauçà:– I jo t'espero a tu.

–Ens coneixem?

–Sí. Sóc l'Oleguer Santiga.

–Qui?

–Ai, ai, aquesta memòria. L'autor de...

–Ah, el paio aquell que...

–Exacte! El paio aquell que. –El va assenyalar:– No t'ha impressionat la reflexió sobre el poder que té l'autor damunt dels personatges com si fos un déu? Eh?

En Bauçà es va aixecar indignat.

–Mentre ho escrivia, et juro que al·lucinava –va confirmar el nouvingut tancant el puny amb força–: Em sentia Déu!

L'Heribert Bauçà va llançar el tovalló damunt la taula. Sense moure's, l'Oleguer Santiga va continuar en veu baixa:

–Si te'n vas ara, li explico a la Virgínia el teu embolic amb l'Amàlia, que fa un any i mig que dura.

En Bauçà se'n va anar sense dir res. Encara va poder sentir com l'Oleguer Santiga li deia no t'has preguntat com he sabut que avui ja t'havies llegit el text?

En aquell moment en Pietro tornava amb les cartes.

–A veure, a veure que tenim... –va fer en Santiga agafant-ne una.

*

En Mauri, tip de sentir els udols esgarrifosos que feia hores que duraven, va obrir la finestra que donava al celobert amb ganes d'enllestir-ho perquè així era impossible escriure. El Pam, o potser era la Pipa, va aixecar el cap i va grunyir com si el gest de l'home hagués estat agressiu. En Mauri, des de la seguretat de l'alçada del primer pis, també va ensenyar les dents. Aleshores el Pam, o potser la Pipa, es va posar a bordar amb tantes ganes que qualsevol hauria pensat que l'ofensa que li havien infligit era monstruosa. Però el malparit va callar així que l'Arnau Mauri li llançà el bocí de filet xopat mentre el seu col·lega encara udolava dins de la casa. El Pam, o potser la Pipa, se'l va ficar a la boca i el va mastegar, carn i mort tot ben barrejat, en un tres i no res. La Pipa, o potser era el Pam?, furiosa, va sortir de la casa en sentir que el seu col·lega mastegava i llavors en Mauri li llançà el seu bocí de filet. Tots dos gossos van ensumar cap amunt, grunyint una mica desconcertats. Potser esperaven un bocí més de mort? Eren tan passerells com el seu amo, que, el vespre abans, en passar pel bar, va deixar que ell mateix li servís la mort en el got de whisky que es prenia cada dia del món abans d'entrar a casa... És una delícia tractar amb gent obsessivament ordenada i repetitiva.

–Nen, què fas?

En Mauri es va tombar i va fer una ganyota. Tancà la finestra.

–Els has tornat a provocar?

–No els fa cap falta: borden sols.

–Baixo al bar, que fa molta estona que la Rosa està sola.

–Aquest vespre no vindré a donar-te un cop de mà.

–Que ets pesat: ara què tens?

–Una presentació. És un llibre que...

–Llibres, llibres, llibres!... Quanta raó que tenia el teu pare!

En Mauri va agusar l'orella. Cap dels gossos no bordava. Potser ja eren un somni, com el seu pesat i refotut amo. Es tancà a l'estudi, atapeït de llibres fins al sostre, disposat a continuar escrivint. Però, escoltant el beneït silenci de la mort, va ser incapaç d'encetar ni una ratlla nova.

*

L'Oleguer Santiga va pujar les escales de casa xiulant fluixet. Estava content i això el feia sentir més bé, més àgil, potser massa prim però més invulnerable, més guapo, més de tot. En arribar al replà de casa se li va estroncar el xiulet.

–Què collons és, això? –va dir en veu alta tot i que estava convençut que un monòleg en solitari era la cosa més falsa i antiliterària que es podia llegir en un paper.

Furiós, es va treure les claus de la butxaca i, per poder accedir a la porta, va haver de saltar per damunt de la muralla de llibres que feia ben bé mig metre, com una mena de barrera protectora. De passada va comprovar que hi havia diccionaris, l'obra completa de Roïdis, quatre novel·les de Miller, unes quantes de Pedrolo...

–Mama! –bramà en accedir al pis–. Què cony t'has cregut?

Com calia esperar, ningú no sortí a rebre'l. Anà cap a l'habitació on la seva mare jeia postrada des de feia tres anys com tres calvaris, sobretot per a mi, perquè ella mira, a descansar i anar donant ordres.

–Qui ha fet això?

–Qui ha fet què?

–Treure llibres de casa.

–Ah. La Caterina.

–Per què? –bramà l'Oleguer.

–Perquè l'hi he manat jo. Li he dit: Caterina, fes fora tots els llibres del menjador. Tots.

–Tots?

–Tots, Caterina. M'has entès?

–És que ara tinc pressa.

–Deu euros.

–Fet. On els he de deixar?

–On vulguis, però fora de casa. Al replà de l'escala. –I mirant el seu fill:– On els ha deixat?

–Al replà de l'escala, que no deixen ni entrar ni sortir ningú.

–Ben fet.

–Estàs boja.

–Tants llibres al menjador no deixen ni respirar.

–Però si no hi vas mai, al collons de menjador, mare! No veus que no et pots moure?

–Si no hi hagués llibres tapant totes les parets potser podria fer l'esforç d'acostar-m'hi.

–Això. Amb un miracle. Si al menjador no hi hagués llibres, Déu nostro Senyor et tornaria la facultat de caminar.

–No te'n riguis.

–Hòstima. Que això no és cap gran mansió, eh? On vols que els posi?

–Crema'ls, regala'ls. Si no te'ls llegeixes! I no siguis malparlat.

L'Oleguer Santiga va sortir de la cambra de la mare i es va estar mitja hora retornant els llibres al seu lloc. La mare deia remugant malaguanyats deu euros. Quan li va portar el sopar, ell encara feia morros i no va contestar quan ella li va comentar no sé què de la Caterina i de la seva substituta.

L'Oleguer Santiga es va tancar al minúscul estudi, que de fet era un racó de mals endreços reconvertit en estudi amb una taula, una cadira, cap finestra que donés enlloc, munts de capses plenes de sabates gastades que la mare es negava a llençar i l'escala que els veïns venien a demanar-li de tant en tant i que una tarda de nervis va jurar que un dia llançaria pel balcó dels geranis. Pel balconet dels geranis. Va agafar el mòbil i va marcar un número. La conversa va ser breu, seca, precisa: una sola ordre sense deixar lloc a la indecisió. Cita davant de la Pedrera d'aquí a una hora.

–Però de què em vol parlar?

–D'una cosa que li interessarà molt. Sóc un empleat del seu marit.

–No estic per a jocs, senyor.

–Jo tampoc. Sé coses que vostè hauria de saber.

Silenci a l'altre cantó.

–Què vol dir?

–Jo li dono la informació i vostè ja sabrà què fer.

La Virgínia, al cap d'una hora, era davant la Pedrera, barrejada amb un centenar de turistes que feien fotos o badocaven mirant l'edifici amb la boca oberta. Ella era l'única persona que mirava els altres, que li importava un rave en Gaudí i que escrutava els ulls de tots els homes. Al cap de deu minuts va mirar el rellotge i va fer un gest de ràbia. Un home prim com un fideu, que feia estona que era al seu costat fent fotos de les balconades, li va dir no s'impacienti, senyora Bauçà. Ara estic per vostè.

Va fer encara tres o quatre fotos i va dir aquesta sí que m'ha quedat bonica, miri.

Li va ensenyar la pantalla. La Virgínia va bufar, frisosa, humiliada, encuriosida, atemorida.

–Què m'ha de dir?

L'home prim li va passar un paper. Ella el va desdoblegar. Un nom, una adreça i un número de telèfon.

–Qui és?

–L'amant del seu marit.

–El meu marit no té cap amant –va fer ella estripant el paper i llençant-lo a terra. L'home prim no es va immutar. Només va dir senyora, hem de mantenir neta la ciutat... Es va ajupir i va agafar els trossets de paper de terra. Per sorpresa li va agafar el canell, li va fer obrir la mà i hi va dipositar els fragments de paper. I va desaparèixer rere un grup espès de japonesos que avançaven perillosament, tots mirant enlaire.

*

El comissari mirava cap avall per la finestra del celobert, com si volgués llançar-hi uns inútils bocins de carn xopats amb mort. Va tombar-se cap a la dona i va dir perquè és massa casualitat que es mori un home i també els seus dos gossos, tots a la vegada.

–Es deuen haver intoxicat.

El comissari la va mirar com si tingués el cap en una altra banda i va somriure. Com que no deia res, la senyora Mauri va cridar:

–Jo què vol que li digui!

–Mare, tranquil·la, eh? –va fer, esverat, l'Arnau Mauri.

–Vull que m'expliqui –se li va acostar el comissari– tot el que em pugui ser útil.

–No em sé imaginar què li pot ser útil.

–Diuen els veïns que vostè no podia suportar aquests gossos.

–Ningú no els podia suportar! –va saltar en Mauri–. Es passen el puto dia bordant.

I va mirar el comissari als ulls, sabent que aquell moment era culminant perquè estava caminant al límit de l'estimball i el plaer que sentia davant del perill era magnífic. Riu-te'n de, de... de... No ho sé, però riu-te'n.

–Amb tu encara no he començat –va fer, sec, el comissari–. Estic parlant amb la teva mare. –A la dona:– Vostè els ha matat amb algun verí que després el senyor Plana també va tastar per error. Oi que és això?

–No tinc res a dir; no en sé res! Tot això del verí ho diu vostè.

–D'acord, senyora. Doncs faci el favor de sortir de la sala.

–A mi, a casa, no em dóna ordres ningú.

–D'acord; doncs així hauran de venir tots dos a comissaria.

–En qualitat de què? –va fer en Mauri, inconscient del perill real.

–Has llegit molt, oi? –el comissari, insinuant un somriure.

–Més que vostè, segur. En qualitat de què?

–De sospitosos d'assassinat. Mare i fill.

La senyora Mauri es va aixecar, dissimulant l'esglai i la ràbia, va sortir de la sala i va fer petar amb massa força la porta que mai no tancaven.

–Molt bé –va fer el comissari–. Ara m'ho pots explicar tot, xicot.

–No tinc res a dir.

–Els vas enverinar llançant-los pinso amb alguna cosa tòxica. Oi que sí?

–Això ho sabran vostès, amb les autòpsies i tota la mandanga, oi? A mi no m'ho pregunti.

–Quin verí era i d'on l'has tret?

–Jo al·lucino –va escopir en Mauri fent un esforç per mostrar-se indiferent.

El comissari, després d'assegurar-li que no el molestava gens que anés al·lucinant, es va mostrar interessat a veure el lloc on ell escrivia, com si no s'acabés de creure que fos escriptor. Va donar un cop d'ull distret als fulls de damunt de la taula, va dir potser ens haurem d'endur l'ordinador, i en Mauri, amb un pessigolleig agradable provocat per la proximitat del perill, va contestar vostè mateix, mentre me'n deixi un altre de cortesia. El comissari no es va molestar a contestar; mirà les parets folrades de llibres. Com que tenia torticoli no va fer ni l'intent de llegir els títols dels lloms. Va fer un gest de desaprovació general.

–Has publicat gaire?

–No. Encara no.

–Així no ets escriptor.

–Escriptor és qui escriu, i jo no paro de fer-ho.

El comissari va agafar desmenjadament uns folis i els va tornar a deixar damunt la taula. Va sortir del despatxet amb l'alleujament de qui surt de l'escena del crim i es retroba amb la vida que el reclama.

L'estira-i-arronsa va durar encara un quart llarg. I el policia de merda era tan imbècil que tot estava igual com al començament. I quan per fi se'n va anar després d'haver-se encallat sempre en el mateix lloc, en Mauri va sentir una eufòria interior que era el plaer més gran que havia tastat mai: el plaer de saber-se l'amo del món i del destí de la gent, barrejat amb la inefable serenor que dóna la impunitat sorgida de la intel·ligència.

*

Damunt la taula de la cuina, com si fos un puzle dels que feia quan era petita, la Virgínia va recompondre el nom i l'adreça de l'Amàlia. I un número de telèfon. El cor li feia bum-bum de ràbia i d'indignació. I de por. Perquè aquell sonat prim de la Pedrera podia estar prenent-li el pèl. O potser no.

Quan va sentir el soroll de la porta de casa, a l'hora que més o menys arribava l'Heribert, ella continuava asseguda a la taula de la cuina, amb el puzle al davant, encara rumiant què havia de fer. El més calent era a l'aigüera.

–Ei, què fas? Què passa?

Ella va mig girar el puzle cap al seu home, que es va inclinar, es va palpar les butxaques, en va treure les ulleres, se les posà, tornà a inclinar-se i llegí amàlia contreres carrer de mallorca...

–Què és, això? –va fer incorporant-se i traient-se les ulleres.

–Figura que m'ho has de dir tu.

–Qui és, aquesta... –es va inclinar cap als papers sense posar-se les ulleres i va llegir–: Amàlia?

–Qui vols que sigui? La teva amant.

–Quines bestieses! –va fer l'Heribert Bauçà sortint de la cuina. Des de la porta:– Avui no sopem? Vols que el faci jo?

La Virgínia va agafar el seu mòbil, llegí al puzle i marcà el número que hi estava escrit.

–Ara veurem què diu, la teva amant.

L'Heribert va tornar a entrar a la cuina:

–Qui t'ha donat, això? Un tio prim com un fideu?

–Sí.

–És un boig que vol que el publiqui i, com que no ho vull fer, es dedica a molestar-me.

–Ja. M'ho he de creure?

–Tu mateixa. De moment, ja ens està fent mal.

–I per què no el vols publicar?

–Perquè està boig.

–Però és bo? Perdona un moment. –Al telèfon:– Amàlia Contreres? (...) Ets tu, reina?

*

Que imbècils que són els policies! –va pensar en Mauri, dalt de l'autobús. Han hagut d'interrogar tota l'escala per arribar a la conclusió que no saben qui ha sigut. Que estúpids! Pot haver estat qualsevol dels set mil milions d'habitants del planeta.

Després d'aquesta declaració de principis es va sentir francament bé. I, sobretot, amb la idea que feia temps que li voltava pel cap cada cop més clara: si ell era el déu que regia els personatges que creava, per què no podia ser el déu de les persones que l'envoltaven? Quan havia escrit la història del zoològic, oi que va decidir perquè sí que la Irene havia de morir? Ho va decidir perquè sí, no pas per cap raó narrativa. Ho va escriure i la Irene la va dinyar, sense dret de protesta perquè jo sóc Déu. I ara en Mauri va decidir que, d'aquells setze passatgers de l'autobús, el que havia de morir havia de ser el conductor perquè jo ho vull.

Això li va suposar una feinada: quan van arribar al final del trajecte, una placeta desconeguda, el conductor va baixar del vehicle, es ficà al baret que hi havia a la cantonada, en sortí al cap d'uns minuts i va encendre un cigarret al costat de l'autobús. L'Arnau Mauri, amb aquella paciència que gasten els déus, va asseure's al banc de la parada, observant els moviments del seu mort, i es va proposar un repte: abans de quatre dies, abans de divendres, aquell home hauria mort.

Va dedicar dos dies a estudiar-ne els moviments, els horaris i els costums. Al tercer dia, a les dotze i tretze minuts, el déu Arnau Mauri mastegava un entrepà horrorós al baret de la plaça petita i veia com el seu mort entrava, feia un senyal a l'ensopida cambrera de darrere el taulell i anava cap als lavabos. La cambrera, sense dir res, va començar a preparar un cafè. Quan el va deixar damunt del taulell, en Mauri s'hi va acostar mentre distreia la cambrera preguntant què li devia. Entre una cosa i l'altra, al déu li va ser molt fàcil pagar, posar unes gotetes de destí al cafè del seu mort, recollir el canvi i anar-se'n mentre sentia la fressa que feia el mort en sortir del lavabo. Com un déu, l'Arnau Mauri va somriure amb una ganyota de menyspreu. Com un déu, ni li va fer falta tombar-se per veure el seu mort per darrer cop. S'allunyà de la plaça caminant tranquil·lament fins a la següent parada, mig quilòmetre enllà; s'assegué i esperà a veure si el seu autobús passava. Res. Ni rastre. Al contrari, en passà un fent molta fressa i escopint fum justament camí de la placeta i del drama que hi devien estar vivint. Ja s'ho imaginava: ei, tu, què tens, què et passa? Ei, mireu aquest home, què li ha agafat ara, etcètera. Quan tingués més pràctica divina, es quedaria a veure els resultats de les seves decisions: ara havia de ser prudent. Així que es va sentir el xiscle urgent de l'ambulància, en Mauri s'alçà i se'n va anar caminant cap a l'Olimp.

L'endemà va saber que el seu mort es deia Agustí Moraga Pérez. AMP, com jo! Quines coses més rares que té la mort!, va reflexionar després de plegar el diari i assegurar a la seva mare que aquella nit sí que es quedaria al bar quan marxés la Rosa, que no patís. Volia gaudir d'una estona per viure amb plenitud el seu domini de la vida i de la mort. A més, també volia estudiar si entre els clients habituals n'hi havia cap que es pogués convertir en la seva tercera víctima; quarta, si hi comptava la Irene. I, si havia de ser sincer, l'amoïnava una micona que el diari digués que la policia no descartava que la mort no fos natural. L'amoïnava i al mateix temps li feia pujar l'emoció fins a l'arrel dels cabells. Se sentia en la plenitud de la vida.

*

L'Heribert Bauçà havia passat la nit en blanc per culpa d'aquell boig. La discussió amb la Virgínia havia estat descomunal, desproporcionada. Va haver de reconèixer la seva infidelitat; va haver de sentir-se dir mascle podrit disfressat de progre de merda i altres insults desagradables. I ell pensava que si l'Amàlia hagués estat més astuta no hauria caigut a la trampa. Per què no va saber fer l'orni? És que la Virgínia sí que va ser astuta, la molt gata maula. Li va etzibar ja ho sé tot, reina, no cal que et molestis a dissimular, que m'ho ha confessat el teu amant; i la burra de l'Amàlia s'ho va empassar amb ham i tot i, quan va haver penjat, la Virgínia se'l va mirar amb foc als ulls i va començar a dir allò de mascle podrit i etcètera.

–Una trucada –la veu de la Rita al telèfon.

–Ara no puc.

–Que és urgent.

–Qui és?

–De l'oficina del president de la Generalitat.

L'Heribert Bauçà va mirar amb recança les proves de la novel·la d'Houellebecq, pitjà un botó del telèfon i es tirà enrere a la butaca, resignat. I va dir digui'm.

–Ei, nen! Sóc el que mou els fils...

–Perdoni?

–L'Oleguer Santiga, el teu amic. Com va anar ahir amb la dona?

–Mira, fill de rata. –Es va sorprendre per haver-ho dit de manera tan suau:– Ara sí que tinc clar que de cap de les maneres no et penso publicar aquesta merda d'un tio que enverina tot déu i està com una cabra. Et situes?

–I tant. Però eh que és un gran personatge?

–És una merda.

–Mira, Bauçà: tu encara no ho saps, però m'acabaràs publicant.

–Que no m'escoltes, imbècil de merda?

–Sí. Però et falta informació: encara et puc fer més mal si no em publiques.

–Oi, que bé.

–Eh que sí, carinyo? –Veu seca de sobte:– Et puc matar.

–Perfecte: i jo ara mateix et denunciaré.

–No podràs ni provar qui sóc jo. I et mataré igualment.

L'Heribert Bauçà va callar. La veu sedosa de l'Oleguer Santiga el va embolcallar uns minuts més explicant-li no sabia ben bé què. I ell no penjava l'aparell, immòbil com el ratolí hipnotitzat per la cobra que se l'ha de cruspir. Al final, després de molta estona, va sentir que la veu d'en Santiga deia si no és que canvies d'idea i em publiques. Llavors, com si no hagués passat res, en Bauçà va obrir la boca.

–D'acord.

–Què has dit?

–Que d'acord. Et publico. I em deixaràs en pau?

–Fet. Tens la meva paraula de cavaller.

–Ui.

–Que sí. Te'n pots fiar. Només vull ser publicat; com qui diu, desapareixeré de la teva vida.

*

El dia que l'Arnau Mauri va tornar a casa del doctor Tardà també plovia, com si la seva sola presència en aquell barri mal il·luminat provoqués ruixats incontenibles. No duia paraigua, o sigui que quan la cabellera blanca li va obrir la porta va sacsejar-se com un gos per treure's del damunt tota l'aigua del món.

–Mare de Déu Senyor, quin disbarat de pluja!

–Ara ja es presenta sense avisar.

–El temps està cada dia més boig. Deu ser la conya del canvi climàtic.

En Mauri va mirar el toll que es formava als seus peus.

–No s'amoïni –va dir el doctor–. Aquí ningú no em renya.

Enfilà escala amunt sense comprovar si l'altre el seguia. A la tauleta vora les butaques, dues tasses de cafè fumejant. L'Arnau se n'adonà i mirà estranyat cap al doctor. Aquest agità lleument la cabellera i desaparegué cap a la cuina mentre deia porto el sucre, i l'Arnau Mauri s'acostà a les tassetes fumejants.

–Com és que... –va dir en Mauri quan l'altre tornava amb la sucrera.

–Encara que no avisi, l'estava esperant. És el dia del pagament, oi?

En Mauri no s'havia assegut, com si estigués en guàrdia, com si estigués buscant la trampa inesperada. El doctor s'acomodà a la seva butaca i sense mirar-lo va dir on són els diners.

–No els tinc.

–Vaja, vaja... Com és que ja m'ho temia?

A l'Arnau li va semblar que el rostre del doctor es transformava; fins i tot se li enfosquia la cabellera.

–No ho sé –va fer en Mauri.

–Doncs és una llàstima. De moment li sé tres víctimes.

–No, dues.

–Ah!... Quina és la segona?

Silenci i suor sobtada per tot el cos. Que senzill que és caure en una trampa! Va fer un esforç per concentrar-se en l'efecte agradable de la por fent-li sentir l'arrel dels cabells.

El doctor va somriure i, prenent la tasseta, va dir potser és aquell conductor d'autobús?

Com que en Mauri callava, el doctor Tardà va somriure i va dir carai, quin noi més eixerit. Per què no seus? Et tracto de tu, eh?

En Mauri va seure, derrotat. Sembla que això va complaure el doctor. Amb veu dolça va dir quan penses portar-me els cèntims?

–Ja li he dit que no els tinc. Ni els puc tenir.

–Et denunciaré.

–I vostè caurà amb mi.

–No. Et penses que sóc idiota? Ho tinc tot rumiat.

–Jo també.

–És clar, és clar.

–Sí. I a més, estimadíssim doctor, és evident que el verí deixa rastre: m'ha estafat.

–T'asseguro que cap de les teves víctimes, ni tan sols els gossos, no van patir gaire ni es van adonar que es morien.

–Però la policia sí que s'ha adonat que hi ha una intoxicació misteriosa pel mig.

–La policia, la policia... –Amb energia:– D'aquí a una hora faré la denúncia: és el temps que et queda per amollar els quartos.

En Mauri es va alçar com si aquelles paraules l'haguessin mobilitzat. Però no va anar cap a la porta.

–Vinga, espavila't, que el temps passa. Et queda una hora menys mig minut.

–I a vostè només mig minut.

–Ah, sí?

En Mauri assenyalà la tasseta mig buida del doctor

i va fer el gest de marxar. Quan sortia al rebedor, es va tombar i tornà a assenyalar la tasseta:

–El que sí que té és que és ràpid, el punyeter.

Va sortir de la saleta però tornà a entrar amb un somriure i va afegir a mi ningú no em fa xantatge, carinyo. Somrigué en adonar-se del rostre demacrat del doctor, i de la cabellera un altre cop blanca i mig esborrifada. Va llançar-li un petó a distància.

A baix a l'entrada, menyspreà la por de les petjades que havia deixat per causa de la mullena, tancà la porta rere seu i se submergí en la pluja del carreró, ebri d'eufòria. Malgrat això, va decidir que caldria potser més prudència i deixar passar més temps entre una víctima i l'altra. Més temps per escriure i llegir, va pensar. I més temps per fer una tria guapa perquè sí. Ser el destí d'algú no era per prendre-s'ho de broma.

*

L'Heribert Bauçà, a peu dret, va refusar la mà que li oferia en Santiga i dissimulà el gest assenyalant l'home que ara s'aixecava de la cadira al costat de la taula rodona.

–Canela, el cap de redactors.

–Encantat. Què li ha semblat, eh?

–Tranquil, tranquil –va fer en Canela, encaixant.

Tots tres van seure entorn de la taula. En fer-ho, en Santiga mirà al voltant, com si volgués retenir la imatge d'ell per fi al despatx d'en Bauçà. Aquest va fer un gest cap a en Canela, per invitar-lo a parlar.

En Canela, sense mirar en Santiga als ulls, va començar a dir, en un to lleugerament mecànic, com si ho hagués fet mil cops, que el seu llibre sortiria a la col·lecció Bruna.

–Ah, molt bé –satisfet, sorprès, en Santiga.

–Serà el número cent-cinquanta.

–Oi, no m'agraden els números rodons.

–Doncs s'hi haurà de posar fulles –va intervenir, amb ganes, en Bauçà.

–D'acord, d'acord. No he dit res. –Animant-se:– I, ara que hi penso, hi he fet unes millores: el protagonista encara té temps d'enverinar dues persones més.

–Ho trobava a faltar –en Bauçà, interessat–: Lliga més amb la seva ment tan retorçada.

–Eh que sí? –eufòric, en Santiga.

–Però hi ha un problema –va interrompre en Canela, ara mirant-lo als ulls.

–Ah? –En guàrdia, en Santiga.

–El títol.

–Què li passa, al meu títol?

–Que és dolent. I no s'entén. Les mans de... –Mirà l'exemplar damunt la taula.– De Moc.

–Mauk. Si de cas no l'entenen els ignorants. És el títol que ha de tenir.

–Que no m'ha sentit el que li he dit? És dolent.

–Això del títol no es discuteix.

En Canela es va aixecar i amb veu d'autòmat, sense alçar la vista de la taula, va dir doncs em sembla que ja hem acabat la reunió. No puc dir que hagi estat un plaer.

–Com? Però...

En Bauçà també es va aixecar.

–Ho hem intentat, Santiga –va dir–. Però si tu no el vols publicar...

–És clar que el vull publicar! –va dir, sense aixecar-se–. Només estic dient que el títol és sagrat.

–En el món editorial no hi ha res sagrat –va dir en Bauçà, en un to d'oracle.

–M'esteu prenent el pèl, oi?

–No. Mirem de millorar el producte.

–Producte!? –En Santiga es va alçar, arborat:– La meva novel·la no és cap producte! És una obra d'art!

–D'acord –va dir en Canela, com si cedís–, però el títol és una merda.

–La mare que et va...

Tots tres drets al voltant de la taula i la tensió que es podia mastegar. Al cap d'un llarguíssim mig minut, com el que va tenir el doctor Tardà abans de morir-se, en Santiga va seure, derrotat.

–Quin títol em proposeu?

Mirada ràpida entre els dos homes. Silenci molt incòmode. Van anar seient per donar-se temps:

–Defalliment –va dir en Canela.

Més silenci: un altre mig minut com el de la mort del doctor i en Santiga repetint-se interiorment defalliment, defalliment, defalliment. Defalliment?

–Per què, defalliment? –va fer, mirant-los ara l'un ara l'altre.

–Em sembla evident –va dir en Canela.

–A mi no. Quina relació hi ha entre defalliment i l'explotació lletera?

–Bé, molt, tot. Les vaques, etcètera, no?

Un altre silenci, ara més llarg, com dos mitjos minuts del doctor Tardà. Fins que en Santiga va sacsejar el cap, somrigué i va dir potser sí que és un bon títol. –A en Bauçà:– Perdó: he d'anar al lavabo. Els nervis...

–Sortint a mà esquerra al fons.

En Santiga es va aixecar i va sortir cap on li havien indicat. Un cop va haver tancat la porta:

–S'ho ha empassat?

–Em sembla que no. Per què ha dit defalliment, inspector?

–Perquè vostè no deia res.

–Estic cagat de por. No puc pensar.

–Era millor dir qualsevol cosa que no aquell silenci. –Amb un principi de somriure:– I defalliment és més bon títol que el cony de Moc. Què vol dir, això?

–No ho sé. Ja li he dit que està com una cabra.

–L'únic que sé és que va de vaques.

–De vaques?

–És el que ell ha dit.

–Cony, per què no m'ho deia?

–Però si ho ha sentit tan bé com jo!...

–Que no hi surt cap vaca, hòstima!

L'inspector Canela sortí del despatx i anà cap al lavabo. Ni rastre d'en Santiga. El seu esmolat sentit del perill li havia fet abandonar l'abric al despatx com la sargantana que es desprèn de la cua per poder fugir del depredador.

*

L'Arnau Mauri, tancat al despatxet farcit de llibres, era feliç. Li agradava aquella imatge que li havia vingut al cap mentre l'escrivia: l'abric d'en Santiga era com la cua de la sargantana: molt bo, de debò. Després de tantes emocions, una tarda dedicada a escriure era reconfortant. A escriure i a arribar al gloriós punt final que ja tenia al cap. Durant uns segons es va quedar quiet, amb la boca oberta i bleixant com si hagués fet una correguda intensa.

De sobte sa mare va fer allò que el rebentava tant: obrir de cop la porta, plaf, fotre-li un ensurt de ca l'ample, dir-li qualsevol bestiesa i tallar-li la inspiració i l'atmosfera màgica. Aquesta vegada era per informar-lo que baixava al bar, que la Rosa no sé què diu.

–Molt bé. I tanca la porta, si et plau.

La mare, ofesa, va sortir i tancà amb un cop sec, fent petar la porta. I en Mauri es va cagar en tot perquè la dona havia aconseguit trencar la màgia del moment del punt final. Sort que li quedava l'emoció inefable i poderosa provocada per la por que en qualsevol moment la policia truqués un altre cop a casa.

Va imprimir les darreres planes amb emoció. Quasi amb unció; fins i tot li van caure algunes llàgrimes. Afegí aquelles planes de l'últim capítol a la pila de les que ja tenia preparades i ho ficà tot dins d'un sobre. Agafà una cartolina amb el seu nom imprès i amb una lletra preciosa es posà a escriure:

Benvolguda senyora Pilar Brandal,

Tinc el convenciment que aquest relat que porta el títol de Defalliment *i del qual sóc autor, i que us envio en paper i també en format electrònic, us agradarà. I també sé amb certesa que, si hi poseu una mica d'interès, el vendreu com xurros. Estic a l'espera de notícies seves. Si es donés el cas improbable que me'l rebutgéssiu, us faig saber des d'ara que em suïcidaré.*

Cordialment,

Arnau Mauri

TESEU

> Per a molts teòrics, que els assassins caiguin sovint en la temptació de tornar a l'escenari del crim no és més que una convenció literària.
>
> TESEU

1

–T'agrada Petrarca?

Silenci. Es va ajupir per posar-se al nivell de la dona, que estava en una posició molt incòmoda, amb les mans lligades al darrere. Per evitar el cara a cara, malgrat que ell s'ocultava rere una màscara que recordava un heroi grec, ella acalà els ulls. Estava a punt de dir-li alguna cosa però s'hi va repensar. Llambregà cap a l'intrús i abaixà els ulls una altra vegada.

–Sí, moltíssim –va confessar amb un fil de veu.

L'home va agafar el llibre i el va llançar a la llar de foc. Ella es va limitar a empassar-se la saliva i a esforçar-se per no vessar ni mitja llàgrima da' più belli occhi che mai splendesse.

–No hauries de ser aquí, tu –va dir l'home, com si la renyés.

–Això és casa meva. Què hi heu vingut a fer?

–Quina mariconada, Petrarca –va fer ell, pensarós, mentre s'incorporava.

–Mira que torno a cridar.

L'home ni es va tombar mentre revisava l'estanteria. Es va limitar a dir ja t'he advertit que com facis un altre crit et mato.

–Però què heu vingut a fer? Eh? Què voleu? Jo no tinc...

–Volem alliberar-te de tres pintures molt valuoses i de cinc incunables preciosos.

Llavors ella no es va poder estar de fer un crit i l'home se li acostà i li pegà un cop de puny a la boca. A dalt, la fressa dels seus companys va aturar-se per uns segons. Tranquils, va dir Teseu cap amunt des del primer graó de l'escala. I a la dona, que sagnava i tenia un parell de dents trencades:

–Jo ja t'havia avisat. Si ho tornes a provar et taparé la boca i t'ofegaràs: tu decideixes.

Una estona de silenci; la dona, esverada, mirant cap al sostre perquè sentia la fressa que feien els de dalt, i dient en una mena de gemec inacabable no us endugueu els incunables, que em moriré de pena...

Com si li vingués de lluny, va sentir com l'home de la màscara deia t'agrada Monteverdi?, però va decidir no respondre. L'home se li va posar al davant amb un elapé i el va treure de la funda, i ella va tenir esma de pensar oh, no; aquest, no...

–T'he preguntat si t'agrada Monteverdi, estimada.

Ariadna el va mirar desafiadora:

–Ja el pots llançar al foc –va respondre.

–Nynynyu. Amb les dents trencades no se t'entén gens. –I posant-se-li a la vora, amb el disc a la mà sacrílega, va repetir, sense cridar, però molt enervat, que si t'agrada o no; només et pregunto això, cony. Mira que és fàcil de contestar! I se li va atansar agafant el disc amb els dits protegits amb guants finíssims, grapejant els solcs sagrats, com si la volgués fer testimoni privilegiat de la profanació, i va dir amb heroica paciència t'agrada o no t'agrada, sí o no, tan a la vora de la cara que li podia llançar capellans als ulls. La dona va dir nyunyyu i es va arronsar d'espatlles, abatuda. L'home, com a resposta, li va esberlar el disc al cap i ella va sentir com volgiti, Teseo mio, volgiti, Teseo, o Dio li vessava pels cabells gastats, amb els bocins del disc destrossat, i va pensar maleït siguis, com si fos a Naxos maleint Teseu, assassí de monstres i del meu cor; i el favor que et vaig fer portant-te a la vora del Minotaure només va valdre un bon clau, estimat Teseu maleït. Jo, en canvi... I Ariadna no va poder més i es va posar a plorar i a dir nynynynyuuu, que volia dir per què em feu això! Què us he fet, jo?

–Que si t'agrada Ligeti o com collons es digui!

Va empassar-se sang i mocs i algun tros de dent, va respirar fondo i va dir de manera prou entenedora m'encanta, estimat Teseu.

–Què has dit?

–Que m'encanta.

–No, després.

–Després de quan?

–No em prenguis el número.

Teseu va seure davant d'Ariadna, eixancarrat, provocatiu. Amb un somriure:

–A punt de jubilar-te i te m'insinues? Eh? Et va la marxeta, oi, iaia?

La resposta d'Ariadna va ser un udol profund, potent, enrabiat, mostrant la boca ensangonada. La reacció de l'heroi atenenc fill d'Egeu va ser tan ràpida i contundent que, quan baixaven els argonautes amb el velló d'or, Ariadna ja havia solcat l'Aqueront i era a l'Hades.

–Què has fet, animal?

–Per què heu trigat tant?

–La caixa era molt malparida. –I assenyalant Ariadna.– Què li has fet?

–Re. No acabàveu mai i ella vinga cridar. Està estabornida, tranquils.

–Vinga, fotem el camp.

2

La senyora de qui no he retingut el nom i que exercia de mestra de cerimònies va dir i ara, per acabar l'acte, dues intervencions més: prendran la paraula dos exalumnes, un de recent i un d'antic, en representació de les moltes generacions que han tingut la sort de ser alumnes de la professora Granell.

La primera era una noieta que es veia molt afectada, quasi superada per la mort de la Granell i sobretot per les circumstàncies tràgiques que l'envoltaven. Va llegir, amb veu tremolosa, un text molt previsible interromput per un parell d'empassades de saliva per evitar el plor. Per sort, va ser breu, perquè hauria incomodat tots els presents que qui venia a col·laborar es convertís en protagonista d'un espectacle no demanat i lamentable. Al final va repetir allò de les circumstàncies tràgiques i es va treure amb rapidesa un mocador.

Quan van dir el meu nom, em vaig aixecar i vaig anar cap on era la noia que encara no aconseguia desar el mocador i doblegar el full amb el breu text que havia ploriquejat. Amb un gest quasi paternal li vaig xiuxiuejar ho has fet molt bé, estigues tranquil·la. I la noieta va sortir disparada cap a la seva cadira perquè no volia de cap manera ser a la vista de tothom quan esclatés a plorar. Un cop sol davant del perill, vaig evitar de mirar el taüt. En canvi, vaig passejar els ulls per tota la sala: plena com un ou i tothom mirant-me. Vaig ficar les dues mans a les butxaques de l'americana: en una hi tenia dos recordatoris dels dos últims funerals. A l'altra no hi havia res. Em vaig cordar el botó central de l'americana i, mirant els presents als ulls, vaig dir:

–T'agrada Petrarca?

Silenci. Estic convençut que aquest inici els va desconcertar. Vaig mirar a banda i banda: la nena dels ploricons em mirava amb la boca oberta sense pensar a plorar. La resta, si fa no fa. Després d'aquests moments de silenci vaig repetir la pregunta. I llavors vaig continuar la improvisació: Ariadna Granell, la mestra de molts dels presents, em va preguntar això el primer dia de classe quan va començar el curs, ja fa una bona colla d'anys. No va dir us agrada Petrarca sinó que em va mirar i em va preguntar si m'agradava Petrarca. Glups, vaig pensar. Jo què sé? I ara què li dic? Després he esbrinat que cap primera classe del curs no començava amb aquesta pregunta; però en cada primera classe mirava de desconcertar l'audiència amb una altra pregunta o un gest o una imatge per tenir-nos al puny.

Vaig fer el gest del puny tancat, envoltat d'un silenci dens perquè sabia que els tenia a la butxaca, i vaig reblar el concepte:

–Per tenir-nos al puny durant tot el curs.

Això va anar així, i puc dir sense mentir que ens vam arribar a fer amics en la mesura que una dona sàvia i generosa es pot fer amiga d'un pelacanyes ignorant, atònit perquè la primera pregunta que em feia a l'esperada classe d'Història de l'Art era sobre literatura. Si m'hagués preguntat t'agrada l'handbol, no m'hauria estranyat tant.

–Jo? Doncs...

–Que si t'agrada Petrarca.

–Suposo que sí.

–Ho suposes? Què vols dir?

–És que encara no l'he llegit.

–Doncs hi posarem remei. Escolta això; escolteu-ho tots, és clar.

I l'Ariadna Granell es va posar a recitar, passejant per l'aula i mirant-nos als ulls:

> Da' piú belli occhi, et dal piú chiaro viso
> che mai splendese, et da' piú bei capelli,
> che facean l'oro e 'l sol parer men belli,
> dal piú dolce parlare et dolce riso...

I no us puc recitar el sonet sencer perquè he de reconèixer avergonyit que, tot i que l'havia memoritzat convençut que en ma vida no l'oblidaria, fa temps que no sóc capaç de reproduir-lo sencer.

Algun company imprudent va dir però això és literatura i no art, oi? La Granell li va somriure i va dir-nos a tots, però mirant-lo a ell, si el miracle s'esdevé mitjançant les paraules, en diem literatura; si s'esdevé etèriament durant un temps concret, en diem música; i si el miracle s'esdevé en un espai material concret, en diem pintura, fresc, retaule, escultura... I si el miracle és l'espai que crees, en diem arquitectura. El cas és que hi hagi un miracle. I la meva feina durant aquest curs, si en sé prou, és la d'explicar-vos miracles. –Va mirar els alumnes amb un somriure dissimulat:– Potser hauríem de demanar que ens canviïn el nom de l'assignatura.

Davant d'aquella audiència dolorosa que em mirava amb ulls plorosos vaig haver de callar perquè, tot i que presumeixo d'home dur, m'havia emocionat amb la simple rememoració d'una història inventada;

és que sóc molt sensible. I per no espatllar l'atmosfera i, sobretot, per evitar de dir alguna inconveniència o fer una relliscada de la qual m'hagués de penedir més endavant, vaig decidir plegar amb un gràcies per haver-nos obert els ulls, estimada Ariadna Granell, inoblidable professora d'Història dels Miracles. I vaig fugir mirant de no imitar en excés els moviments de l'estudiant tendra que m'havia precedit.

A la sortida de la capella on s'havia celebrat el cerimonial laic, ens repartien el recordatori, que vaig guardar a la butxaca corresponent. Quasi de seguida em va abraçar furiosament una parenta de la difunta i em va dir a cau d'orella que estava convençuda que la policia els acabaria trobant. Jo li vaig respondre que n'estava convençut, també. I després un senyor que em va assegurar que era el degà em va dir que era ell qui m'havia convençut per telèfon d'intervenir avui. Ah, tant de gust, li vaig respondre. I vam encaixar i em va felicitar per uns mots tan ben dits i té la meva targeta, que algun dia em plauria tenir una xerrada més distesa. Ja m'havien dit alguns companys teus que ets bo parlant en públic. I molt agraït per haver-hi accedit i etcètera.

Em vaig guardar la targeta a la butxaca dels recordatoris. Vaig mirar de fugir barrejant-me amb la multitud supervivent que se saludava amb entusiasme com si a dintre no haguessin estat amb el cor encongit. Vaig sentir damunt meu mirades de solidaritat, de simpatia, d'agraïment, mentre jo m'esmunyia capcot, el cor bategant perquè trobava extraordinari fins a un extrem inimaginable que tres o quatre-centes persones, moltes de les quals antics alumnes, s'haguessin empassat aquella bola sobre les classes de la Granell. Com que sabia que havia comès el gran disbarat de la meva vida vaig entendre que el que havia de fer amb urgència era tocar el dos. Vaig dirigir-me cap a l'avinguda i vaig fer aturar un taxi providencial. Un cop dins, el cotxe es va posar suaument en marxa, i em va allunyar dels grups de gent que, davant del tanatori, s'acomiadaven amb aquella alegria.

3

Per a molts teòrics, que els assassins caiguin sovint en la temptació de tornar a l'escenari del crim no és més que una convenció literària. Senyal que només són teòrics. Els més perspicaços, però, defensen que qui ho fa és perquè sap que viurà una sotragada tan intensa i única, un pessigolleig a l'estómac tan profund que seria un error renunciar a viure'l. Quan vaig rebre la trucada del degà invitant-me a participar activament en el funeral que s'endevinava massiu, vaig comprendre que em confonia amb el meu cosí que fa vint anys que viu al Canadà i que es diu com jo.

–Podem comptar amb tu? –va insistir el degà.

Vaig sentir una batzegada d'una intensitat tan bèstia que no vaig ser capaç de negar-m'hi. I el resultat ha estat brutal. Visc una convulsió, un daltabaix d'adrenalina que em durarà anys. I m'agrada. Oh!... Em sento invencible. Com si fos un heroi grec sempre victoriós. Digueu-me Teseu.

L'EBRE

Lo jorn ha por de perdre sa claror
quant ve la nit qu·espandeix ses tenebres;
pochs animals no cloen les palpebres,
e los malalts crexen de llur dolor.

AUSIÀS MARCH

–Allà sí que les vam passar putes.

–Ara pararem, eh? I podràs fer un pipí.

–Després de vinga dubtar, ens van fer traspassar el riu per Móra. Quan ja era massa tard, cagumtot. Si has de fugir fes-ho bé. Però els de dalt eren uns incompetents. I anàvem amb una sabata i una espardenya.

–Em sembla que ja ens hi havíem aturat un cop; quan t'hi vam portar per primera vegada.

–Va ser una carnisseria. Vaig passar tanta por, tanta, que encara ho somio. I tantes coses...

–Sí, quan va morir la mama. Fan uns croissanets que vas dir que t'havien agradat molt.

–Un xicot de Terol, pobret, al mig del riu, quan van començar a caure bombes... Feien un bum-bum que fotia feredat. I el nano es va quedar petrificat, blanc, com mort en vida. Ni s'ajupia ni mirava de disparar contra els núvols.

–No et posis així, home. Així que pugui et vindré a veure.

–Encara li veig la cara. I em sembla que es deia Jacinto. Un nom així. Però la cara, la tinc aquí al davant. I la del sergent Mayo, és clar.

–I un dia, quan no tinguin escola, et porto les nenes, eh?

–Sí. De Terol, això segur. Cada nit li veig la cara. Me'l poses en un camp de futbol ple i te'l trobo de seguida, amb la cara de color de calç. Jacinto, sí.

–És que amb la separació, uf!, no dono l'abast... També ens pots escriure. I veure la tele. Saps que he aconseguit un televisor per a la teva habitació? No, si hi estaràs molt rebé.

–Pobre noi. Quan vam arribar a l'altra riba estava allà quiet.

–M'han assegurat que la qualitat del menjar ha millorat d'allò més. Res a veure amb l'altra vegada.

–No, re: que el vaig haver d'alçar, enravenat com si estigués congelat, per endur-me'l a pes. Si no, encara hi fóra. I el sergent Mayo dient deixa'l a la barca i arrenca a córrer, desgraciat!

–Tu diràs, les queixes dels familiars els fan anar rectes com un fus. Tu diràs!

–És clar: el sergent bramant vinga, tothom fora de les llanxes, collons de cristo. I tu també, picaplets!, em va dir. I com l'havia d'abandonar, jo, el pobre Jacinto fet una estàtua de marbre...

–Que no tot és xauxa: això ho van entendre la mar

de bé. O sigui que per aquesta banda no pateixis, papa.

–No, doncs així que el vaig alçar per treure'l de la llanxa, una bala li va rebentar el cap com si fos una magrana.

–Ja saps que no podem. No tenim espai, a casa. I ara estic vivint un merder de cal déu, papa.

–El van matar per culpa meva. Si no l'hagués alçat... Semblava que ho hagués fet a posta, jo. Com si els invités a tirar al blanc, m'entens què vull dir?

–Mira, mira! Pararem aquí, eh? Pels croissants. Te'n recordes?

–Si l'arribo a deixar a la barca, potser encara hi fóra. Però estaria viu.

–I te'n posaré un parell més a la bossa. Però no se t'acudeixi ensenyar-los quan arribem, que et podrien renyar.

–Sovint he pensat que la bala em buscava a mi.

–No, home, no: era un dir. Com vols que et renyin, a tu?

–I si hi penso gaire, t'asseguro que no puc dormir. La nit se'm converteix en una espera tenebrosa. Per això i per més coses que no he dit mai a ningú.

–Veus? Si hi estaràs com un rei; podràs llevar-te a l'hora que vulguis. Oh, quina enveja!...

–És horrorosa, la nit; ja ni m'acompanyen els roncs de l'àvia ni els maldecaps del jutjat. Enyoro els roncs i els maldecaps. Només faig que somiar jo al mig del niu de metralladores però amb silencis esgarrifosos; tan densos que em desperten a mitjanit i em poso a suar. I llavors va córrer la veu que d'un moment a l'altre ens donarien l'ordre d'abandonar posicions i córrer cap al riu. I no saps què vol dir, això?

–A poc a poc aniràs construint-te una rutina pròpia, ja ho veuràs.

–Que ens moríem de ganes d'abandonar el niu de metralladores, però ens feia pànic el riu perquè allà estaríem indefensos i seria pitjor que el tir al plat, tots nosaltres amb una ala trencada.

–Sempre t'has queixat que quan venia la Cinta t'havies de llevar. Ara ja no cal. Com un rei. Au, que parem aquí.

–L'ala trencada. No és tir al plat: és tir al colomí, al pichón, sí.

–Què remugues, papa?

–Era molt pitjor ser al niu que no ara al llit. Perquè quan tens vint anys no vols morir-te. Ara tant me fot, la veritat... El problema són els records, que se m'entravessen dins del cap.

–Vinga, que t'ajudo a baixar.

–No, tampoc no vull. Però m'hi resigno. Més aviat penso que la vida hauria pogut ser diferent. Només això: diferent. Tota la vida estudiant desgràcies... Mai no podia desfer-me de la por a pensar sol.

–Epla! Au. Potser millor que primer anem a fer un riu. En deus tenir ganes, oi?

–I els que eren més grans n'estaven fins als pebrots. Estaven emprenyats; tant, que això els feia no pensar en la por. Jo, en canvi, només volia viure.

–I després els croissanets. Te'n compraré tants com vulguis.

–Sí. Els més vells eren diferents. Com el tinent aquell de la veuota esquerdada.

–No: primer a pixar, papa.

–Cony; que es va plantar cames obertes, dret, i va cridar cabrons, si teniu collons gasteu les bales amb mi i no amb la canalla, deia. I em feia plorar de tan valent que era... O de tan desesperat, jo què sé.

–Sí, home, ja m'espero. Pren-te el temps que calgui.

–I tothom dient-li tinent, a terra, cony, tinent. I el sergent Mayo se li va abraonar, com els que juguen a rugbi, per fer-lo jeure a terra; va ser massa tard.

–Diumenge vindré, eh? Amb les nenes, va. Si no hi ha cap imprevist, és clar.

–Era la desesperació de tants mesos de front. Putes, les passàvem. On som?

–Els diners no et faran falta, home... Estaràs tan ben atès que...

–No: on és, l'enemic?

–I si convé ens fas un truc. O que truquin ells, és clar. Només faltaria.

–Putes i reputes, les passàvem. I la por ens feia disparar a l'aire, llençar la munició. I el sergent que, quan es va morir el tinent, s'havia fet càrrec de la secció ens deia al malparit que vulgui caçar núvols li foto un tret al cul.

–Au, vinga. No, renta't les mans.

–Quan fuges sempre penses que una bala t'entrarà pel forat del cul. I mires enrere com si així les veiessis venir. Per esquivar-les, sí.

–Molt bé. Així. I ara els croissants!

–Quan fuges et tornes boig perquè ja no has de dissimular la por. El pànic. La basarda. Corres esperitat. I tot tu canvies.

–Pots prendre cafè?

–I penses que una bala que et destrossi els ronyons ha de fer un mal de cal déu. O que se't clavi a l'espinada. O al clatell. I llavors et poses el casc de manera que et protegeixi el clatell. Que no serveix d'una merda.

–Veus? Ara podràs explicar les teves batalletes als companys. Oi?

–On som?

–Un cafè descafeïnat amb llet. I deu croissants.

–On som?

–Calla, papa, pesat! A veure... Què vol dir que se li han acabat els croissants? Em pot dir què faig, ara?

–Però les coses que no em puc treure del cap encara són pitjors. El sergent Mayo era valent. Sí. Però era un malcarat de por.

–Ensaïmadetes? No ho sé... Papa, vols ensaïmadetes?

–I ara penso que, malcarat i tot, tenia un bon sentit del que era just. Però sempre ens estava esbroncant i ens feia sirgar a crits. La majoria érem canalla esporuguida. Déu, quant de dolor.

–Ens hem aturat aquí precisament pels croissants, miri què li dic. Al meu pare li encanten i...

–Però aquell dia es va excedir. Em va dir Tena, llença el teu company a l'aigua i salva't.

»–No! Està ferit!

»–És una ordre! No ho veus que és un cadàver?

»Les últimes paraules van ser esborrades pel xiulet esgarrifós d'un projectil que s'acostava rumiant sobre qui es llançaria per destrossar-li fins i tot els records. Va esclatar molt a la vora de les tres llanxes. I jo, amb en Jacinto en braços.

»–Llença'l a l'aigua i corre. O seré jo qui et mati!

»I jo, covard, covard, vaig llençar el Jacinto a l'aigua com el pescador que torna la carpa al riu. Sí, a l'altura de Móra. I vaig dir és un fill de puta, sergent, hem deixat el Jacinto tot sol, i el sergent se'm va posar a mig pam i em va cridar a córrer cagant hòsties. Fora de la ribera! I jo corria i plorava i com que plorava no m'hi veia gaire i em ressagava i semblava de nit perquè tantes explosions convertien el paisatge en un sepulcre amb molta olor de mort. Com si hi fos, ho recordo.

–Una ensaïmadeta, què vols que sigui?

–I la secció; vaja, el que quedava de secció. Havíem de trepitjar cossos que suposo que eren de gent morta i va resultar que no érem a l'altra banda del riu sinó ben bé al mig, perquè havíem anat a parar a una illa, quins collons, quina mala folla, quina... Ja et dic que eren una colla d'incompetents. I quan en Mayo se'n va adonar va dir vinga, de cap a l'aigua!

»–Jo em quedo aquí, sergent.

»–No em cardis. A l'aigua!

»–No.

»–Doncs et foto un tret a la boca i després et faig un consell de guerra. Tria!

–Foti'm un tret. No puc més.

»I llavors va apuntar-me amb la pistola, que la duia a la mà tota l'estona, i va dir salta a l'aigua o disparo.

»I jo vaig caminar fins a la riba i vaig enfonsar-me a l'Ebre per segona vegada i el festival d'explosions semblava una festa major i el brogit era tan intens que em vaig posar a cridar i vaig començar a disparar cap al cel, com si volgués ferir algun àngel, i el sergent em va empènyer per darrere i em vaig revoltar, i vaig disparar no per matar un àngel sinó el sergent Mayo i llavors em vaig ficar a l'aigua i fins que no vaig ser al canyissar de la riba bona no em vaig tombar i vaig veure com al sergent li queia la pistola i s'agenollava i ja no estava per fotre crits als soldats. Mai no he sabut si el vaig matar jo o si van ser els nacionals. I això em mata.

–Doncs si vols que et digui la veritat, també les trobo boníssimes, les ensaïmadetes.

–No sé si ningú em va veure disparar.

–Sí, sí... Posi-me'n una dotzeneta ben bona, sí. És que el meu pare és llaminer de mena, sí.

–No sé si només vaig disparar als àngels o també al sergent.

–Les feu vosaltres?

–No. Ens les porten. Del forn del poble. Què està dient, aquest home?

–Re. Està una mica... Una llàstima.

–Ni sé si el vaig matar jo perquè era un miracle ser a peu dret i continuar viu.

–Doncs, vinga, fora penes: mitja dotzeneta per a les nenes. I feliciti els del forn. Sí, en una altra bossa, si fa el favor.

–I uns quants es van ofegar perquè el braç de riu era estret però fondo, el malparit, i entre el corrent del riu i que estàvem cagats de por i de fatiga...

–Vinga, papa, espavila't que no tenim tot el dia. Passi-ho bé.

–Em sembla que sí que vaig ser jo. Però fins avui ningú no m'ha denunciat. I ara ja són tots morts. Segur que són tots morts. Oi?

–A veure si encara es posarà a ploure...

–Però cada nit tinc por que el sergent Mayo retorni i m'expliqui que sí, que jo el vaig matar i que quan ja era mort encara va rebre metralla d'una explosió i que els àngels ferits queien del cel dolçament, sense queixar-se, vessant una sang blanquinosa i amb perfum de glicina.

– Au, papa, va, puja... Amb mitja horeta ja hi som.

–Cada nit l'espero. Sé que vindrà aviat. I em dirà em vas matar, vas matar el teu comandament, desgraciat. I per això només vau sobreviure tres soldats dels trenta, desgraciat. I a més vas pelar cinc àngels del cel que m'han demanat de genolls que et faci entrar una bala pel forat del cul, angelets...

– No, no, estigues, home! Ja et cordo jo el cinturó.

–El mal que ha de fer, una bala pel cul! Quasi tant de mal com els meus records de tota la vida. I això no és viure.

*

–L'esperàvem fa una setmana.

–Ja ho sé, però he tingut problemes i...

–M'han advertit de direcció que hauran d'abonar aquesta setmana perduda.

–Vaja... Però si...

–Amb la demanda que hi ha, fins i tot feia mal d'ulls tenir l'habitació buida.

–En parlem després. Au, papa, aquesta senyora és...

–Sóc la directora de la residència, senyor Tena.

–Ets el sergent Mayo disfressat de dona. I quan no et vegi ningú, vindràs a disparar-me un tret. Me'l mereixo.

–Què li sembla si examinem l'habitació?

–Nyaca! Per on m'entrarà, la bala? Boca? Cul? Panxa? Directa al cor?

–No, no: als ascensors sempre van acompanyats. Veu la clau? Sempre!

–És una trampa. Això va de dret al riu. Em vols ofegar a l'Ebre, oi?

–I els de certa edat, com és el cas de son pare, sempre, sempre, sempre estan acompanyats. I els deixem una estona al solet al jardí... Això els agrada molt. Miri: per aquí, si fan el favor.

–Caram, papa! Quina habitació més bonica!... No t'ho sembla?

–Mireu si el sergent Mayo és per aquí. M'ho mereixeria.

–Aviat el portaran al menjador, eh?

–Au, adéu, papa, i bon profit. Vindré així que pugui... Però què és, això? Au, papa, que els homes no ploren!...

–El pitjor de la nit és el silenci que se sent des del niu de metralladores. Fa feredat. Perquè saps que els tens a cent metres, i que potser t'estan apuntant al nas... i fotent-se'n de tu, regalant-te uns segons més de vida pels seus sants collons.

–Però vostès no l'han feta servir! Estava buida! Ni van avisar ni res!

–És que amb la dona... Ens acabem de separar i tinc tantes coses al cap que...

–El comprenc i ho sento molt, senyor Tena. Però les normes són inflexibles: in-flec-si-bles!

–Molt bé, no insisteixo, em rendeixo: pagaré. Vindré la setmana que ve. Amb les nenes.

–Per aquí, si fa el favor.

*

–Jutge Tena?

–Perdó?

–Ets el jutge Tena, oi?

–Què?

–No, no t'aixequis: farem un tomb per aquest jardí tan bonic. Fa goig, tot això.

–Qui és vostè?

–Tot pot prescriure amb el temps, llevat dels records, que l'acompanyaran tota la vida.

–Sergent Mayo?

–No. Els records l'acompanyaran tota la vida; són les paraules que vas dir quan vas tancar el meu judici i la meva condemna. I tenies raó: tota la vida he recordat la teva cara d'aranya fastigosa a punt de fer-me caure a la xarxa de les teves lleis de merda.

–El vaig matar jo, oi, sergent? Quan em vaig tombar, jo no volia... Però estava tan espantat que...

–No sóc cap sergent.

–Què?

–Sóc el paio que vas condemnar a perpètua perquè em consideraves escòria demoníaca.

–Encara que no s'ho cregui, sergent...

–Més fort, que no et sento bé!

–Dic que encara que no s'ho cregui jo disparava a matar àngels i no persones: ho puc jurar.

–De què reputes em parles? Quins àngels?

–Els del cel, quins vol que siguin, sergent?

–Estàs com una cabra. Ara moriràs per haver-me destrossat la vida. Total, per quatre o cinc nenes. I que no hi he tornat mai més! Aquí, rere els arbres, un bon racó discret.

–Sí, sergent: però i la por? Ens queien tones d'obusos a sobre. I disparaven a caçar-nos des de l'altra riba.

–Ai, collons... Que et quedi clar: tu moriràs per haver-me destrossat la vida. M'entens? És la meva venjança. I no sóc cap sergent.

–Estic a punt, sergent. Però directe al cor, si us plau.

–No sóc el refotut sergent. Em diuen el monstre del Paradís. M'entens? Et mato jo perquè m'has cardat la vida. M'estàs entenent, ara? Vull que sàpigues per què mors.

–Sí, sergent.

–Ai, la mare que el va parir. Em diuen el monstre del Paradís i fins avui només he matat nenes... Em situes, senyoria?

–Estic preparat! És un descans per a mi, sergent Mayo!

–Oh, vés a la merda...

I, completament decebut, l'home va treure del plec de roba un ganivet silenciós i, encara que sabia que el gest era inútil, el clavà amb una ganyota de menyspreu al cor del vell que ja feia anys que era mort. En aquell moment, no es va saber preguntar per què les històries de la vida s'acaben sempre amb la mort, com si no hi hagués cap altre possible final de totes les coses.

Matadepera, 2012-2016

EPÍLEG

Normalment, estic embarcat en una novel·la, en una mena de viatge que no sé el temps que em durarà. Però de tant en tant, com qui per fer un descans atraca en una illa desconeguda, escric algun conte, empès per allò en què estic treballant o, sobretot, per allunyar-me'n durant una temporada. Això vol dir que el sarró dels contes es va omplint a poc a poc, sense fer soroll. De tant en tant examino el sarró, rellegeixo, retoco, suprimeixo, afegeixo coses i idees i el torno a tancar. Fins que em decideixo a provar de confegir un llibre de relats amb allò que tinc i amb les històries que, només de saber que remeno el sac, em vindran al cap i m'exigiran de ser-hi presents en forma de contes. També sé que no tots els contes que fan cua pacientment aniran bé al recull que em ronda pel cap.

Fa molts anys, quan vaig publicar el meu primer llibre, que era una recopilació de relats, vaig tenir l'avinentesa de tenir un parell de xerrades molt interessants amb el novel·lista Vicenç Riera Llorca sobre la naturalesa dels reculls de contes. Riera Llorca defensava que els reculls havien de ser construïts amb contes que tinguessin un lligam, una atmosfera comuna, una relació no necessàriament argumental, però relació al cap i a la fi. Jo, en aquells moments, no tenia cap criteri format. Simplement, havia triat els contes que considerava que passaven el meu sedàs d'exigència, que era el que era, i els vaig ajuntar en un recull, en una compilació. Però les paraules de Riera Llorca m'han vingut al pensament cada cop que m'he posat a la feina de fer conviure relats escrits en moments molt diferents de la meva vida. A hores d'ara penso que tot és saludable mentre estigui ben escrit. Però reconec que el criteri de Riera Llorca s'ha anat apoderant de mi i em trobo més bé si hi ha alguna raó, subtil o evident, que justifica la presència d'uns contes en un mateix recull. El recull acaba convertint-se en un llibre amb un títol que pugui emparar tots els relats supervivents.

Dic «supervivents» perquè, quan preparo un recull, entre els contes que he posat sobre la taula es produeixen baixes, algunes cantades i d'altres ben inesperades. Tant pot ser perquè m'adono de sobte del poc interès que em provoca un conte com també perquè hi ha un relat que no s'adiu amb l'atmosfera que imposen els que considero indiscutibles. Em sento com l'entrenador de qualsevol esport d'equip que confegeix el millor equip possible amb la plantilla de què disposa. I, a sobre, decideix en quina posició jugarà cada relat. Els dies, els mesos, els anys, el temps que sigui que dedico a reescriure, a variar o a descartar, són plens de naixements inesperats i d'eliminacions fulminants entremig de dubtes, com sempre. Res de nou. Però a poc a poc es va consolidant un aire de família que justifica la presència dels contes dins del mateix llibre.

Dos dels relats d'aquest recull, «Poldo» i «Pandora», han aparegut publicats en les antologies editades després de les diferents Trobades d'Escriptors al Pirineu organitzades sota els auspicis d'en Ferran Rella i el Consell Cultural de les Valls d'Àneu. Aquestes trobades, a més de noves coneixences, deixaven un rastre de narracions creades pels escriptors convidats de cada any, que eren publicades com a antologies amb l'entusiasme imprescindible d'Isidor Cònsul, que llavors era el director literari de l'editorial Proa, la meva editorial des de fa trenta-tres anys. I es publicaven comptant, també, amb la iniciativa del Departament de Filologia Catalana de la Universitat de Lleida, amb què, a més, he tingut un tracte feliç durant set anys.

Un altre grup de contes és el dels que acumulen anys com a inèdits i ara els ha tocat sortir del sac amb retocs, afegitons i reescriptures que els donin raó de ser publicats precisament en aquest llibre. De vegades em fa l'efecte que rellegir-los, retocar-los, ajustar-los, és allò que fa el lutier a qui li porten un instrument antic i, a més d'examinar-lo minuciosament, sospita que ben restaurat sonarà prou bé, que les ferides que li ha provocat el temps o la foscor de la funda no són irreversibles i que en mans d'un bon músic té possibilitats de reviure, d'expressar coses.

Encara n'hi ha uns quants, de contes, que han nascut mentre començava a treballar en aquest recull. Això m'ha passat sempre. La dinàmica de fer el llibre m'ha despertat les ganes d'explicar noves històries que, sense gaires manies, es posen al costat d'altres narracions que fa anys que esperaven la seva oportunitat de treure el nas.

I, en darrer lloc, hi ha els contes que he descartat (o, en algun cas, que he tornat a descartar), els que el lector no llegirà perquè he decidit que no calia publicar-los o perquè els meus lectors *particulars*, que tenen l'encàrrec amical de fer de sedàs, que llegeixen i discuteixen tot el que he escrit, han sabut convèncer-me després d'intenses negociacions que aquells contes no tenien espai en aquest recull, o me n'han fet una crítica tan a tocar de l'os que m'han fet replantejar algun conte de dalt a baix fins a convertir-lo en una criatura nova.

Sense descartar contes no hi ha llibre de contes. Pregunteu-ho, si no, a l'Eduard Márquez, que ha batejat el seu darrer (i magnífic) llibre de contes amb el significatiu títol de *Vint-i-nou contes menys*, fent referència directa als que ha descartat, als que el lector no veurà mai. Als que, bandejant-los, han fet créixer la coherència del conjunt supervivent.

Sense sedàs extern, jo potser donaria per bona

qualsevol cosa perquè l'amor paternal de vegades encega l'enteniment. Per això atorgo tanta importància a la feina d'aquests fidels lectors particulars als quals, des de fa una pila d'anys, més de trenta, demano un parer que sempre m'han ofert generosament i sense pèls a la llengua. «És un acord de complicitat que no expira», em va dir un d'aquests lectors amics quan li vaig demanar si encara tenia temps i ganes per mirar-se aquest nou llibre. Recollia l'actitud de tots plegats. Ells saben com els n'estic, d'agraït.

M., tardor del 2016

La col·lecció literària A Tot Vent, fundada a Badalona
l'any 1928, té com a logotip, des del primer dia,
aquest gravat al boix del pintor Josep Obiols que recorda
la goleta María Asunta, construïda a la platja
de Badalona el 1858.